研究のための
セーフティサイエンス
ガイド —— これだけは知っておこう

東京理科大学
安全教育企画委員会
編集

朝倉書店

まえがき

　自然科学の目的は自然界の仕組みを明らかにし，私たちの人間社会に利用して，社会生活を豊かにするところにある．自然科学は積重ねの学問である．そして，その基本にあるのが実験事実である．したがって，実験は自然科学の発展のためには不可欠である．特に化学，生物では実験の積重ねが新たな発見を生み，新たな法則や新たな技術の確立を推進する．しかしながら，化学実験・生物実験では，種々の化学物質や生命体を取り扱うがゆえに多くの潜在危険を含んでおり，実験にあたり，安全に対する十分な配慮を怠ると思いもよらない事故につながることが多々ある．断片的な理科教育を受けたゆとり教育の影響で，実験経験の少ない学生が急増している今日，大学における安全教育の徹底が急務になっている．

　学生に対し危険性物質（危険化学物質）の取扱い方法に関する事前教育を行わなければならないことはもちろんであるが，緊急時の対処法についても十分な教育を行うと同時に，教員自身も事故に対する危機意識を持ち，常日頃研究室における安全対策に努力を払うべきである．実験中に事故が起こる確率が最も高いのは学生実験よりもむしろ研究室における卒業研究実験および大学院研究実験である．過去に起こった事故の原因を分析してみると，学生の不注意，教育の不徹底，実験に関する事前の打合せ不足によるものが最も多い．実験指導者および指導教員に要求されることは，学生は未熟であり教育の途中にあるとの前提に立ち，かつ実験テーマおよび研究テーマを提案しているのは指導者自身であることを認識して，組織として十分な安全教育を行い，かつ安全対策を講じることである．

　安全に関する知識は実学で得るものであり，座学で得られるものではないという考え方がある．確かに体験によるほうが実際的で確実であり，さらに身につきやすいことは事実である．しかし，実学ですべてを学ぶことは不可能であり，特定のことに限定されるため多くの知識を得るには長い年月と経験が必要とされる．また，実学で学んでいる最中に事故を起こすことも十分ありうる．事故が最も起こりやすいのは，その操作（実験）を初めて行うときと，その操作に慣れて油断したときである．安全教育の講義を併用することにより，事故発生の確率を大幅に低減できることは火を見るよりも明らかである．大学によっては，講義のみならず，安全講習会などの終了後に試験を行い，これに合格して初めて，卒業研究などの研究実験の開始が認められている．

　本書は，主に化学・製薬・生物系実験における安全教育について，卒業研究開始を目前とした学部3～4年生，工業高等専門学校の学生を対象に，わかりやすい教科書をめざして作成した．そのため，専門的な記述にこだわることなく，できる限りやさしく説明することに努めた．本書の大きな特徴は事故例をふんだんに紹介することにより，読者に注意を喚起していることと，化学実験・生物実験を行うにあたり，化学物質のみならず電気や機械類を取り扱う上での注意事項をも取り入れたことである．そして，この種の従来の教科書と異なり，科学者・研究者のマナー（倫理）についても章を割いていることは特筆すべき点である．また，巻末には各章の練習問題を配置し，読者の理解を助けることに努めた．本書が，大学学部学生，工業高等専門学校学生はもちろんのこと，大学院生，実験指導

まえがき

者，研究員，さらには研究指導教員にとっても必携の手引きとなることを望んでいる．最後に本書を編纂するにあたり多大なご協力を頂いた朝倉書店編集部に心より感謝する．

2012年2月

東京理科大学安全教育企画委員会委員長　小中原猛雄

執筆者一覧（50音順）

a：企画委員会委員長，b：専門部会主査，c：専門部会副査，d：専門部会委員

新井孝夫	（あらいたかお）	理工学部応用生物科学科 教授
有光晃二	（ありみつこうじ）	理工学部工業化学科 准教授
板垣昌幸	（いたがきまさゆき）	理工学部工業化学科 教授
伊藤 滋	（いとうしげる）	理工学部工業化学科 教授
井上正之	（いのうえまさゆき）	理学部第一部化学科 教授
内海文彰	（うちうみふみあき）	薬学部生命創薬科学科 准教授
大竹勝人	（おおたけかつと）	工学部第一部工業化学科 教授
岡村総一郎	（おかむらそういちろう）	理学部第一部応用物理学科 教授
加藤清敬	（かとうきよたか）	工学部第一部電気工学科 教授
金子 実	（かねこみのる）	環境安全センター 主任
河合武司	（かわいたけし）	工学部第一部工業化学科 教授
[d]菊池明彦	（きくちあきひこ）	基礎工学部材料工学科 教授
郡司天博	（ぐんじたかひろ）	理工学部工業化学科 教授
[d]小島周二	（こじましゅうじ）	薬学部薬学科 特任教授
[a,d]小中原猛雄	（こなかはらたけお）	名誉教授（元 理工学部工業化学科 教授）
駒場慎一	（こまばしんいち）	理学部第一部応用化学科 教授
坂井教郎	（さかいのりお）	理工学部工業化学科 准教授
[c,d]酒井秀樹	（さかいひでき）	理工学部工業化学科 教授
佐々木健夫	（ささきたけお）	理学部第二部化学科 教授
庄野 厚	（しょうのあつし）	工学部第一部工業化学科 教授
[d]杉本 裕	（すぎもとひろし）	工学部第一部工業化学科 教授
[b,d]田所 誠	（たどころまこと）	理学部第一部化学科 教授
野口昭治	（のぐちしょうじ）	理工学部機械工学科 教授
林雄二郎	（はやしゆうじろう）	工学部第一部工業化学科 教授
藤本憲次郎	（ふじもとけんじろう）	理工学部工業化学科 准教授
古谷圭一	（ふるやけいいち）	名誉教授（元 理学部第一部応用化学科 教授）
安原昭夫	（やすはらあきお）	環境安全センター センター長
山田康洋	（やまだやすひろ）	理学部第二部化学科 教授

目 次

第1章 実験室における安全の基本 ……………………………………[小中原猛雄] ……… 1

1.1 実験室における安全の決まり ………………………………………………………… 1
   a. 基本事項 *1*　b. 事故防止のための協力責務 *2*　c. 法の遵守 *2*
   d. 危険は自ら回避する *3*

1.2 実験を始める前に …………………………………………………………………………… 4
   a. 危険の予測と安全な実験計画 *4*　b. 緊急時の対策と日常心がけるべきこと *5*
   c. その他注意事項 *6*

1.3 研究者のマナー ……………………………………………………………………………… 6

第2章 事故事例と教訓 …………………………………[田所 誠, 酒井秀樹, 駒場慎一] ……… 7

2.1 事故事例と教訓 ……………………………………………………………………………… 7
   a. 発火事故 *7*　b. 爆発事故 *8*　c. 高圧ガス容器（ボンベ）による事故 *10*
   d. デュワー瓶による事故 *11*　e. 悪臭・公害 *11*　f. 真空ポンプによる事故 *11*
   g. 電気による事故 *11*　h. 工作機械による事故 *12*　i. 分液ロートによる事故 *12*
   j. レーザーによる事故 *12*　k. アルカリによる損傷 *12*　l. 酸による損傷 *12*
   m. ガラスによる損傷 *13*　n. ガラス細工作業中の損傷 *13*　o. 毒ガスによる事故 *13*

2.2 危険な化合物の予測 ……………………………………………………………………… 14
   a. 爆発しやすい化合物 *14*　b. 天使と悪魔の顔を持つ分子 *15*
   c. アジ化物；6の規則 "*rule of six*" *16*

第3章 化学薬品の取り扱い方 ………………………………………………………… 17

3.1 一般的注意 …………………………………………………………………………[杉本 裕] …… 17
   a. 化学薬品の購入 *17*　b. 化学薬品の危険有害性 *18*　c. 保護具 *19*

3.2 危険物, 毒物・劇物 …………………………………………………………………[林 雄二郎] …… 19
   a. 危険物 *19*　b. 毒物・劇物 *23*　c. 事故防止のために *24*

3.3 環境汚染物質 ………………………………………………………………………[河合武司] …… 24
   a. 大気汚染物質 *24*　b. 土壌汚染物質 *26*　c. 水質汚濁物質 *27*

3.4 化学物質の生体への影響 …………………………………………………………[坂井教郎] …… 28
   a. 有害化学物質 *28*　b. 環境ホルモン（環境ホルモン疑似物質）*29*

目　次

3.5　危険性の予測と評価 ……………………………………………………[庄野　厚] …… 30
　　a．危険物とは　30　　b．化学物質の危険有害性の評価　30
　　c．化学物質の危険有害性の調査法　31　　d．化学物質の混合危険性　33
3.6　薬品の管理方法 ………………………………………………………[有光晃二] …… 33
　　a．ずさんだった大学の薬品管理体制　34　　b．まずは試薬の整理が必要　34
　　c．薬品の一元集中管理　35　　d．化学薬品管理システムの有効活用　35
　　e．おわりに　35

第4章　生物科学実験を始める前に ……………………………………………… 37

4.1　生物試料の取扱い ……………………………………………………[小島周二] …… 37
　　a．生物試料を用いた実験における基本的注意事項　37　　b．消毒と滅菌　37
　　c．倫理的な制約とバイオハザードについて　39
4.2　遺伝子組換え実験 ……………………………………………………[内海文彰] …… 40
　　a．遺伝子組換え実験の規制（カルタヘナ法）　40
　　b．遺伝子組換え生物および遺伝子組換え実験とは？　41
　　c．第一種使用等，第二種使用等とは？　42
　　d．拡散防止措置（遺伝子組換え実験操作における安全確保）　43
　　e．遺伝子組換え実験における健康管理，安全委員会などの体制，記録の保管　45
　　f．情報提供に関する措置　46　　g．輸出に関する措置　46　　h．罰則など　47
4.3　生物化学実験で用いられる薬品と器具の取扱い ……………………[内海文彰] …… 47
　　a．化学薬品　47　　b．器具　48　　c．装置　49
4.4　動物実験 ………………………………………………………………[新井孝夫] …… 51
　　a．動物実験と実験動物の福祉　51　　b．適正な動物実験の実施　53

第5章　放射性核種と放射線 ………[小島周二，金子　実，山田康洋，藤本憲次郎] …… 58

5.1　放射性同位元素 ………………………………………………………………………… 58
5.2　放射線の種類と性質 …………………………………………………………………… 59
5.3　放射能と放射線の単位 ………………………………………………………………… 59
5.4　非密封線源の取扱い …………………………………………………………………… 60
　　a．取扱いに際しての一般的注意事項　60　　b．身体表面などのRI汚染の除去　60
5.5　密封線源の安全取扱い ………………………………………………………………… 61
5.6　放射線発生装置の安全取扱い ………………………………………………………… 62
　　a．X線発生装置の原理　62　　b．放射線発生装置取扱い上の注意事項　63
5.7　放射線被曝に対する防護 ……………………………………………………………… 64
　　a．外部被曝に対する防護　64　　b．内部被曝に対する防護　65
5.8　放射線の生体影響 ……………………………………………………………………… 66

a．直接作用と間接作用 *66*　　b．細胞に対する影響 *66*　　c．個体への影響 *67*
d．身体的影響 *68*

5.9　日本における放射線規制法令 ………………………………………………………… *69*
a．放射性同位元素等による放射線障害の防止に関する法律（障防法）*69*
b．電離放射線障害防止規則（電離則）*70*

第6章　実験室での器具の取扱い ……………………………………………… *72*

6.1　ガラス器具 ………………………………………………………………[郡司天博]…… *72*
a．ガラス器具の取扱い *72*　　b．ガラス細工 *73*

6.2　加熱器具・加圧器具 ……………………………………………………[大竹勝人]…… *74*
a．加熱器具 *74*　　b．加圧器具 *75*

6.3　真空装置 …………………………………………………………………[菊池明彦]…… *75*
a．真空機器と真空ライン *75*　　b．寒剤 *76*

6.4　レーザー …………………………………………………………………[酒井秀樹]…… *77*
a．レーザーとは？ *77*　　b．レーザーの持つ危険性 *77*
c．レーザーの安全基準とクラス分類 *77*　　d．レーザー取扱いの注意点 *78*
e．保護具と表示 *78*

6.5　高磁場装置 ………………………………………………………………[郡司天博]…… *78*
a．マグネトロン *79*　　b．質量分析装置 *79*　　c．電子スピン共鳴装置 *79*
d．核磁気共鳴装置 *79*

6.6　大型機械 …………………………………………………………………[野口昭治]…… *80*
a．搬送時の注意事項 *80*　　b．使用時の注意事項 *80*

6.7　工作機械 …………………………………………………………………[野口昭治]…… *81*
a．ボール盤 *81*　　b．グラインダ *82*　　c．卓上旋盤 *83*

6.8　排気設備 …………………………………………………………………[酒井秀樹]…… *83*
a．ドラフトチャンバとは？ *84*　　b．スクラバの種類 *84*
c．ドラフトチャンバ使用上の注意 *84*

6.9　防災器具 …………………………………………………………………[大竹勝人]…… *84*
a．身につけるもの *85*　　b．設備・備品として用意するもの *85*

第7章　高圧（圧縮）ガス，加圧液化ガス，液化ガスの取扱い ………[伊藤　滋]…… *86*

7.1　高圧ガスの取扱い ……………………………………………………………………… *86*
a．圧力容器（ボンベ）の置き方 *87*　　b．ボンベの運搬方法 *87*　　c．ボンベの表示 *87*
d．圧力調整器（レギュレータ）の選定 *88*　　e．ボンベの整理・整頓 *88*
f．容器弁（バルブ）の構造 *89*　　g．圧力計（ゲージ）の単位の確認 *89*
h．ボンベの固定 *90*

目　次

7.2 加圧液化ガスの取扱い ……………………………………………………… 90
　　a．液化ガスおよびアセチレンボンベの取扱い　90　　b．毒ガスボンベの取扱い　90
7.3 液化ガス（冷却液化ガス）の取扱い ………………………………………… 91
　　a．液体窒素の取扱い　91
7.4 関連資料 ………………………………………………………………………… 92
　　a．高圧ガスの定義　92　　b．圧力容器の定期検査　92
　　c．レギュレータの使い方　93

第8章　電気の安全な使い方　　　　　　　　　　　　［岡村総一郎，加藤清敬］…… 95

8.1 電力線に関する基礎知識 ……………………………………………………… 95
8.2 機器接続上の注意 ……………………………………………………………… 96
8.3 感電事故防止のための注意 …………………………………………………… 96
8.4 電気火災防止のための注意 …………………………………………………… 97
8.5 その他の注意 …………………………………………………………………… 98

第9章　廃棄物の安全処理　　　　　　　　　　　　　　［安原昭夫，金子　実］…… 100

9.1 廃棄物処理の基本原則 ………………………………………………………… 100
9.2 大学における廃棄物管理 ……………………………………………………… 101
　　a．廃棄物の分類と処理方法　101　　b．実験排水と実験排気の安全管理　103
　　c．産業廃棄物（固体廃棄物・廃液など）の回収方法　105
　　d．感染性廃棄物（疑似感染性廃棄物も含む）の回収方法　106
9.3 廃棄物処理における事故防止対策 …………………………………………… 106

第10章　事故防止と緊急対応 ……………………………………………………… 108

10.1 安全管理の考え方 ……………………………………………… ［板垣昌幸］…… 108
10.2 緊急時に備えて ………………………………………………… ［板垣昌幸］…… 108
　　a．火災発生時の対応　108　　b．地震発生時の対応　109　　c．避難　110
　　d．防災訓練　110
10.3 救急措置 ………………………………………………………… ［井上正之］…… 110
　　a．事故が起こった場合の心構え　110　　b．化学薬品に関する事故　111
　　c．その他よく起こる事故　112　　d．心肺蘇生（人工呼吸と心臓マッサージ）　114
10.4 防災器具とその取り扱い方 …………………………………… ［佐々木健夫］…… 114
　　a．基本的個人防護用品　115　　b．防毒マスク　116　　c．消火用具　117
　　d．非常用ライト　120　　e．液体吸収材　120　　f．緊急シャワー　120
　　g．アイシャワー　121　　h．AED　121

第 11 章　化学物質管理 学生として知っておくべきこと ……［安原昭夫，金子 実］…… 122

11.1　化学物質の総合安全管理 …… 122
11.2　関係する主な法規 …… 124
11.3　安全管理体制 …… 127
　　a．薬品管理の基本　128　　b．薬品管理システムによる管理　128
　　c．実験器具の洗浄方法　128

第 12 章　研究者のマナー ……［古谷圭一］…… 129

12.1　はじめに …… 129
12.2　セキュリティと倫理 …… 129
12.3　科学の研究って何？ …… 131
12.4　著作物の利用について …… 131
12.5　実験結果の報告について …… 132
12.6　情報倫理 …… 134
12.7　倫理綱領，行動憲章 …… 134
12.8　生物を扱う実験について …… 135
12.9　プロとしてのマナー …… 136
12.10　マナー違反に気がついたとき …… 136
12.11　おわりに …… 137

練習問題 …… 139

付　　録 ……［酒井秀樹，小中原猛雄］…… 147

付録 1　安全管理のチェックリスト …… 147
付録 2　GHS（化学品の分類及び表示に関する世界調和システム）分類基準に基づく
　　　　薬品のシンボルマーク …… 150
付録 3　日本試薬協会によるシンボルマークと表示語 …… 151
付録 4　化学物質データ（MSDS およびそれ以外）のウェブサイト一覧 …… 153
付録 5　MSDS の例（酢酸銅）…… 154
付録 6　混合危険（混触危険）の例 …… 155
付録 7　環境・安全関係法規のウェブサイト一覧 …… 155
付録 8　生物科学関連法規および資料ウェブサイト一覧 …… 156

索　　引 …… 157

# 1 実験室における安全の基本

1.1 実験室における安全の決まり

　自然科学は積重ねの学問である．そして，その基本にあるのが実験事実である．したがって，実験は自然科学の発展のためには不可欠である．特に化学，生物では実験の積重ねが新たな発見を生み，新たな法則や技術を確立する基礎となる．しかしながら，化学実験・生物実験では種々の化学物質，生体物質，さらには生命体をも取り扱うがゆえに多くの潜在的な危険を含んでおり，実験にあたり，安全に対する十分な配慮を怠ると思いもよらない事故につながることがある．

　化学実験では種々の化学物質を用いて反応や分析などいろいろな操作を行い，生物実験でも種々の化学物質を用いると同時に，生命体，放射線，細胞，ときに病原菌を用いることもあるため，日常生活に比べはるかに大きな潜在的危険に接している．したがって，化学実験室および生物学実験室では安全を確保するために，必ず守らなければならない決まりがいくつかあり，それに従って実験を行わなければならない．このような決まりに従って行動し，さらに個々の実験にある潜在的な危険をあらかじめ理解しておけば，化学実験・生物実験は決して危険なものではない．以下に，私たちが守るべき基本的な決まりについて述べる．これらを確実に守って，創造的な実験を行う必要がある．

a．基本事項

(1) 実験は真剣勝負

　化学実験や生物実験には様々な潜在的な危険が存在する．安易な気持ちで実験に臨んではならず，絶えず真摯な態度で実験に臨まなければならない．特に化学実験では，基本を守って行えば危険のない操作も，安易な気持ちで臨み間違った操作を行うと，ときとして命に関わるような重大な事故につながることもある．実験は真剣勝負．常に真摯な態度で実験に臨むことが求められる．

(2) 1人で実験をしてはならない

　1人で実験をしていると，実験中に何か異常が発生したときに対応できなくなる可能性が非常に高い．すなわち，実験者が負傷して動けなくなった場合，ほかに助けを求めることもできず，大事に至る可能性が高くなる．夜間に1人で実験を行うことはもちろんであるが，昼間に1人で実験を行うことも絶対に禁物である．

(3) 実験中は絶対に持ち場を離れてはならない

　化学実験中に持ち場を離れると，化学反応が暴走したり，薬品が漏洩したり，空焚きによる火災が起こるなどの事故につながる可能性があるので，持ち場を離れてはならない．

(4) 化学実験廃液を不用意に混合してはならない

化学実験廃液は廃液といえども化学物質である．混合により発熱，爆発，発火，ときには有毒ガスの発生を伴う場合がある．例えば，酸廃液にシアン化物イオンを含む廃液を混ぜると青酸ガスが発生する．有機物を含む廃液に濃硝酸からなる廃液を混合すると急速な酸化反応が起こり，発熱と同時に分解ガスが発生する．含まれる化学成分により廃液を分類し，決められた規則に従って分別回収しなければならない（詳細は第9章参照）．

b. 事故防止のための協力責務

(1) 指導者の指示に従う

潜在的な危険を含む実験を事故が起こらないように安全に実施するために，指導者やスタッフは綿密な計画と準備のもと，実験中も細心の注意を払って安全管理に努めている．しかし1人でも指示に従わない者がいると，これらの努力が無駄になってしまうばかりでなく，甚大な事故につながる恐れがある．実験者は指導者やスタッフの指示に従う義務があり，安全の確保に協力しなければならない．

(2) 異常に気がついたら直ちに指導者に連絡する

実験中に異常が発生した場合，実験指導者やスタッフは迅速に状況を判断し，これに対処しなければならない．実験者も何らかの異常に気がついた場合には直ちに実験指導者やスタッフに連絡しなければならない．

c. 法の遵守

(1) 危険有害物質の法に則った取扱い

化学実験ではしばしば危険有害物質を使用するが，それらの多くは安全に取り扱うために様々な法律によって規制されている．毒物及び劇物取締法（毒劇法），消防法，高圧ガス保安法，化学物質排出把握管理促進法（化管法，PRTR法），化学物質審査規制法（化審法），労働安全衛生法（労安法），廃棄物処理法，そのほか多くの法規が適用される．これらの法律には，化学物質を安全に配慮して取り扱うための基本的事項が規定されている．実験の指導者やスタッフはもちろんのことであるが，実験者も法律を正しく認識し，法律に則ってこれら化学物質を取り扱わなければならない（詳細は第3, 7, 9章参照）．

(2) 化学実験室では飲食・喫煙禁止，飲食物の持込み禁止

実験室内における飲食や喫煙は有害物質を体内に取り込む原因となるため，これらの行為を禁止し，また飲食物の持込みも制限すべきである．これは研究室を含むすべての実験室に適用され，少なくとも作業スペースと居住スペースを分離すべきである．労働安全衛生法では特定化学物質を取り扱う作業場での飲食・喫煙を禁止している．毒物及び劇物取締法では誤飲を防止するため，それらを用いる研究者は飲食物用容器として通常使用されるものをその容器として使用してはならないとしている．また有機溶剤など，その他の有害物質についても同様に扱うべきである．

(3) 生物実験における法の遵守

生物実験のうち動物を使用する実験では，生命を取り扱っていることに留意し，「生命の尊重」の倫理の確立を基本とする．また，動物あるいは微生物から感染する危険があり，いわゆる「バイオハザード」の防止も重要である．動物愛護管理法，遺伝子組換え（生物など）規制法（カルタヘナ法）

などの法律のほか，ヘルシンキ宣言（ヒトを対象とする医学研究の倫理的原則）や病原性微生物などの管理の強化に関する宣言・通達などの規制を受けるものが多々ある．実験は，関連法規に従って制定された各所属機関の規程のもとで実施しなければならない（詳細は第 4 章参照）．なお生物実験では放射性同位体を用いることが多いが，これは放射線障害防止法などの規制を受ける（詳細は第 5 章参照）．

(4) 放射性物質および X 線を取り扱うには教育訓練と健康診断を受けることが必要

放射性同位元素（RI）や放射線発生装置（X 線発生装置，粒子加速器など）の使用は原子力基本法および放射線障害防止法により細かく規制されており，放射線発生装置を含む放射性同位元素などの使用は国の使用承認または許可を受けた施設でのみ許されている．施設には管理区域という，一般の人が自由に立ち入ることができない区域が設定してあり，放射線に関連する作業はここで行う．管理区域内では飲食・喫煙などが禁止されており，十分注意しなければならない．使用者（放射線業務従事者という）は RI などを使用する前に各自が所属する大学や研究所などで使用者として登録を行い，法令で定められた教育訓練と健康診断を受けなければならない．放射性物質は測定機器などにも内蔵されており，その場合は放射性物質の存在を示す標識が取りつけられている（詳細は第 5 章参照）．

d. 危険は自ら回避する

(1) ふだんの生活を実験室に持ち込まない

実験室での安全を確保するためには，指導者による安全管理だけでなく，実験者全員が安全確保の意識を高め自ら危険を回避することが必要である．そのためには実験室に入るにあたり気を引き締め，実験室での行動をふだんの生活と明確に区別すべきである．特に実験室内での飲食禁止，実験に適した服装などについては，特に気をつけて徹底する必要がある．

(2) 整理・整頓・清掃・清潔（4S）

実験室および実験台上は整理（Seiri）・整頓（Seiton）し，身の回りは清掃（Seisou）し清潔（Seiketsu）に保つことが基本である．これらが不十分であると，薬品の転倒，取違え，有害物質への接触，避難路の閉塞・障害などを引き起こす．絶えず 4S（整理・整頓・清掃・清潔）を心がけよう．一般に，4S のうまい人ほど実験が上手である．

(3) 無理は禁物

安全に無理は禁物である．物理的な無理，肉体的な無理，精神的な無理，経済的な無理，法・制度的な無理，いろいろな無理がある．いかなる無理も安全のための準備，注意，対策，規則などすべてをリセットし，非常に危険な状態を誘発する．どんな場合でも無理をしてはならない．

(4) 実験にふさわしい服装，履物の着用

実験での危険回避のため，服装にも十分な配慮を行うべきである．服装は活動しやすく，実験作業に適したものにすべきであり，また，炎や飛散した薬品から体を守る役割もあるため，実験内容に適した機能を持つ服装が求められる．したがって，実験着は少なくとも首から膝までを覆うもので，衣服に火がついたときや薬品を浴びたときにすぐに脱ぎ捨てられるものが望ましい．原則として，化学実験や生物実験では白衣を着用すべきである．また履物は，底がある程度の厚みを持っていて運動しやすいもの（スニーカーなど）を選ぶべきである．サンダルやスリッパは脱げやすく，ハイヒールは

不安定であり，いずれも実験室で使用してはならない．重量物を取り扱う場合には安全靴（甲の部分を鉄板で保護してある）を履くべきである．さらに，薬品の付着や火が燃え移るのを防ぐため，長髪は後ろで束ね，貴金属・宝石などのアクセサリーやマニキュアの使用も控えるべきである．

(5) 保護メガネ，保護手袋など保護具の着用

保護メガネ（安全メガネ）や保護手袋などの個人用保護具は，薬品の飛散や接触から身を守るのに必ず必要なものである．化学実験では保護メガネは必ず着用し，保護手袋は薬品にさわる可能性があるときは着用すべきである．このことは生物実験でも同様のことがいえ，特に保護手袋の着用は義務づけられている．個人用保護具は自分の身を守る最後の砦(とりで)である．煩わしいからといって着用しないのは，自ら安全を放棄する行為であり，許され難い．また，大出力レーザーを使うときにはレーザーの波長に合った保護メガネの着用が必須であり，有害蒸気や粉塵(ふんじん)のある雰囲気で作業をするときには防毒マスクや防塵マスクの着用が必要となる（詳細は第3，6章参照）．東京理科大学で学生から募集した安全に関する標語の中で最優秀賞に選ばれたものを次に紹介する．保護メガネ（安全メガネ）の必要性を，学生の目線で伝えた非常にわかりやすい標語である．

「安全メガネ　守っているのは　目と未来」

(6) 後始末も実験のうち

実験終了後の後始末も実験本番以上に重要である．試薬の後片づけ，装置の後片づけ，器具の洗浄，廃液の処理，いずれをとっても上述の4S（整理・整頓・清掃・清潔）に関係し，安全に密接につながる事柄である．次の実験をスムーズに行うためにもぜひ励行してほしい．

(7) 実験終了後は手を洗う

実験で用いる薬品や細菌を日常生活に持ち込むことのないように，実験終了後は必ず石鹸で手を洗う習慣を身につけるべきである．

1.2 実験を始める前に

a. 危険の予測と安全な実験計画

(1) 情報の事前収集と安全な実験計画の立案

実験前の計画と準備で安全に対して十分に備える必要がある．取り扱う物質の危険性・有害性をMSDSであらかじめ調べることが必須である．実験実施前に，実験に内在する危険を予測・把握し，事故を未然に防ぐことは実験を安全に行う上で大変重要である．こうして得られた危険・有害性に関する情報を考慮して，安全で無理のない実験計画を立て，実験の準備をすることが必要である．試薬，生成物などの化学物質の緊急時の対処法についてもMSDSで知ることができる（詳細は第3章参照）．また，安全のための共通のチェックリスト（巻末付録1参照）をあらかじめ作成しておき，その都度これを用いて安全を確認するのも効果的である．

(2) 薬品，装置，操作などについての予備知識を得ておく

実験に用いる薬品，装置，操作などについては，あらかじめその特性，安全な取扱い方法，緊急時の対処法について調査し，十分に理解しておくことが必要である．装置の取扱いについては経験者立会いのもとあらかじめ予備実験を行うことを推奨する．

(3) 引火性物質，可燃性物質の取扱い時は火気厳禁

有機溶剤などの可燃性物質を取り扱うときは，その部屋を「火気厳禁」として火災の発生を防止しなければならない．可燃性物質を隔離して火を用いるときも，火気使用中であることを知らない者が可燃性物質を取り扱うことのないよう，火の使用を周囲に知らせることが必要である．引火性物質の場合は特に注意が必要である（詳細は第3章参照）．

(4) 薬品瓶や器具を実験台の縁付近に置かない（整理・整頓）

実験台上は常に整理・整頓を心がける．実験台上に薬品瓶，器具を置くときは，できる限り実験台の奥のほうに置くこと．実験台の縁付近に置くと，作業時に手を引っかけて落としてしまう恐れがある．

(5) ピペットを口で吸ってはならない

ピペットを口で吸うと，薬品や病原菌などを誤って口内に吸い込んでしまったり，有害蒸気を吸入してしまったりする事故が予測される．ピペットは必ずピペッタを用いて使用し，いかなる場合も口で吸ってはならない．

(6) 有害化学物質の取扱いは局所排気設備のあるところで行う

体への曝露を最小限に留めるため，有害化学物質は原則としてドラフトチャンバ（通称ドラフト）内あるいは局所排気装置のある場所で使用しなければならない．ドラフトは，有害物質の蒸気，ミスト，粉塵などを排気し，室内の実験者がそれらに曝露されないようにできている．ドラフトからの排気はスクラバなどで処理したあと，大気に放出するのが一般的である．通常，ドラフトを使用するときはその扉は必要最小限開けて作業を行い，それ以外は閉めておく．作業中，ドラフトの中に頭を突っ込むなどの行為は絶対に行ってはならない．また，十分な排気速度が得られているか，日常からドラフトの排気設備の保守点検を行っておくべきである．

b．緊急時の対策と日常心がけるべきこと

(1) 火災，地震などの緊急時の対処法はあらかじめ把握しておく

用いる化学物質や装置の緊急時の対処法をあらかじめ確認しておくことについては上記a項の(1)，(2)で述べたが，装置の緊急停止スイッチ，消火器，消火用砂，安全シャワー，アイシャワーなどの緊急時に必要な用具の設置場所や使用方法をあらかじめ理解しておくことも求められる．できれば防火・防災訓練を組織的に行い，これらの緊急用具の使用を実際に各自体験してみることが望ましい（詳細は第10章参照）．

(2) 電気系統の確認

配線がタコ足になっていないか，接続した装置類の消費電力の総和がコンセントやタップの電気容量を超えていないか，漏電はないかなどを確認する必要がある．漏電による火災，感電を防ぐために，装置の電源プラグは使用終了時にはコンセントから抜くように習慣づける．停電後の通電により火災になることも多々ある（詳細は第8章参照）．

(3) 実験スペースと居住スペースは分離する

実験室が狭隘である場合，実験スペースと居住スペースが混在していることがある．ごく当たり前のことであるが，事故を未然に防ぐために，実験スペースと居住スペースは分離する必要がある．

c．その他注意事項
(1) 事故報告の励行

　事故が発生したときは，規模の大小にかかわらず，速やかに実験の指導者に報告しなければならない．指導者はその事故がなぜ起こったかを分析し，再発を予防することができる．事故事例やヒヤリハット事例に関する情報を同様の実験を行う人と共有することは，同種の事故を未然に防ぐのに大きく役立つ．事故事例は私たちに多くの教訓を与え，ヒヤリハット事例は事故防止を啓発する．何事もホウ・レン・ソウ（報告・連絡・相談）が基本である．

(2) 傷害保険への加入

　事故は未然に防止することが基本であるが，万が一事故により実験者がケガをした場合に十分な補償が得られるよう，保険に加入しておくべきである．学生の場合，ほとんどの大学で入学と同時に学生対象の傷害保険に強制的に加入させられるようになっている．

(3) 健康管理の徹底

　実験は肉体のみならず精神的にも最良の状態で行うべきである．寝不足，風邪ぎみ，悩みなどで実験に集中できないときには，甚大な事故につながる可能性が非常に高くなる．特に実験で，危険有害化学物質，回転機器，高圧装置など細心の注意を払う必要のあるものを取り扱う場合には，実験にあたって不安定な心身状態は禁物であり，常日頃から体調管理にも気をつける必要がある．

1.3　研究者のマナー

　一般に，実験（または研究）における安全というと，実験に伴って起こる可能性のある事故により生じる物理的・身体的被害から物品または身体を守ることを指す．研究者がこのような事故を起こさないように努めることはもちろんであるが，研究者が守らなければならない，もっと広い意味での安全がある．それは，研究者が人間であるために研究者として守るべきマナー（行儀作法），いわゆる「倫理」である．前者が安全（safety）と呼ばれるのに対し，後者はセキュリティ（security）と呼ばれる．科学における安全を論じるにあたり，実験指導者および研究指導者はセキュリティをも取り上げて学生の実験・研究指導にあたる必要がある．科学における不正行為には種々あるが，主なものを挙げて注意を喚起したい．データの捏造（fabrication），改竄（falsification），盗用（plagiarism）の3つがそれであり，頭文字をとってFFPといわれている．いずれも科学者が絶対に行ってはならない行為である．盗用に関連する行為で，先行研究の無視や不適切な引用がある．科学は積重ねの学問であり，その発展は先人の貴重な成果の上に成り立っている．したがって，それらを尊重することは科学者にとって最も大切なマナーである．先人の成果を無視したり，不適切に引用してあたかも自分の業績であるかのごとき誤解を招くようなことをしたりしてはならない．どの部分が先行研究で明らかになっていることであり，どの部分が自分独自の新規で独創的なものであるかを，誰もがはっきり認識できるように区別して表記する必要がある．また，誇張した表現や誤解を招きやすい表現を用いることも厳に慎まなければならない．科学者は常に謙虚であるべきである．科学者は，社会から信頼され，期待されている．したがって，それに応える責任がある（詳細は第12章参照）．

2 事故事例と教訓

　さて，事故を未然に防ぐためには過去にどのような事故が起きたかを知ることが大切である．過去に起きた事例を知っていれば，自分の置かれている状況に当てはめ，事故を未然に防ぐことができる．さらに，自分の状況がどのような事故に近いのかを判断し「危険な状況の予測」を行うことができる．恐らく，実験を長年経験してきた教員と，始めて間もない学生では，このような危険に対する予測や判断ができるかできないかで，事故が起きるか否かが決まってくるのであろう．この章では今まで大学の化学系学科で調査したアンケートから，どのような薬品や状況で事故が起こっているのか，教訓を含めて紹介したい．また，どのような化合物が危険であるのかを予測するための考え方についても学んでもらう．

2.1 事故事例と教訓

a．発火事故

(1) 加熱型スターラの中ではニクロム線が赤熱されている

事例1：ドラフト内で3,5-ジ-t-ブチルベンゾニトリルを再結晶するためコニカルビーカーに入れ，ヘキサンを加えてアルミ箔で蓋をした．加熱型スターラで攪拌しながらホットプレート上で加熱していたら，突然溶媒が突沸し，引火した．引火の際，顔および右腕をヤケドした．

事例2：加熱型スターラにより湯浴で加熱しながら，開放系でエーテルを脱気するため，窒素でバブリングしていると，エーテルの蒸気に引火した．実験者は動揺して近くのエーテル瓶を転倒させてしまい，さらに，こぼれたエーテルに引火し，実験台すべてが燃え上がった．幸い，消火器を使用して鎮火できた．

事例3：徹夜明けで実験を行っていた学生が，加熱型スターラのヒータースイッチが入って表面が過熱されていることに気づかず，そのスターラのホットプレート上に200 mLビーカーに半分ぐらい入ったエーテルを置いてしまった．エーテルはすぐに沸騰し，引火・炎上した．本人は動揺して呆然としていたが，近くにいた学生が粉末消火器を用いて消火したため，大事には至らなかった．

(2) 加熱したガラスは400～500℃の高温になる

事例1：ガラスを細工する際，熱せられたガラスが近づいたため，拡散ポンプ用トラップに入っていた冷媒用アルコールに引火した．幸い，延焼前に炭酸ガス消火器で消火した．

事例2：バーナーでガラス管を加熱・成形する際，熱せられた廃ガラスを廃棄したらガラスゴミから出火した．

(3) 有機溶媒をガスバーナーなどの裸火で直接加熱することは厳禁である

溶媒の沸点に応じ，湯浴（water bath）または油浴（oil bath）を用い，必ずフラスコに還流冷却器を装着すること．また，有機溶媒を取り扱うときには引火性の蒸気の発生を抑えるため，ビーカーを用いてはならない．

事例1：バーナーで加熱しながらビーカーで再結晶を行っている最中に，溶媒のメタノールを満杯にしたところで引火した．驚いて自分の腕にこぼし，着衣に延焼し，Ⅲ度のヤケドを負った．

事例2：ドラフト内で，ベンゼンに金属Naを入れて加熱する際，バーナーを使用した．蒸気に発火したが，粉末消火器を用いて何とか消し止めた．

(4) 金属Na，金属K，有機金属の発火事故

アルカリ金属は周期表の下にいくほど水との反応性が高くなる．金属Naはイソプロピルアルコールやエタノールで処理するのが一般的であり，実験中は保護メガネ（安全メガネ），白衣を着用する．報告されている事故は，卒業論文・修士論文の作成実験と見受けられる．金属Kは反応性が高く危険であり，少量といえども学生実験には用いるべきではない．Na/メタノールあるいはK/エタノールでの処理では，しばしば知らずに失敗して発火に至るケースがある．

事例1：使用済み金属Naをメタノールで処理しNaOMeとしたあと，水を加えた．金属Naがまだ残っていたため発火し近くにあった洗浄用アセトンに引火したが，消火器で消火することができた．

事例2：金属Kをエタノールで処理している最中に発火した．本人がパニックになって，燃えているエタノールの入ったビーカーを持って部屋中を迷歩した．［金属Kはエタノールで発熱・発火する．金属Naはメタノールと激しく反応して発熱するが，エタノールとの反応はメタノールより緩やかである］

事例3：金属Naの小片をエタノールで処理する際，水と混合して処理を早めようとしたため発火・飛散して，火のついたエタノールが研究室内に飛び散った．こぼれたエタノールにさらに引火して研究室が火事になった．実験者の学生は白衣を身につけておらず，飛散したエタノールが服にかかり洋服ごと炎上し，全身火だるまとなった．近くにいた教員が学生を強制的に倒し，緊急用のシャワーを使って火を消すことができたが，学生は重度のヤケドを負った．［エタノールと水の混合物で金属Naを処理してはいけない］

事例4：冬の深夜，金属Naでジオキサンを乾燥・蒸留中に，冷却器内で凍結したジオキサンが流路を塞ぎ蒸気が噴出し，系中の金属Naが発火した．［ジオキサン，DMSO，ベンゼンなどは融点が低い！］

(5) 発火性試薬による事故

事例：アメリカにおいて，実験室で t-ブチルリチウムを使用中に発火事故に遭い，重度のヤケドを負った学生がいる．彼女はそれがもとで18日後に死亡した．この事故で同大学には連邦法に基づき罰金が科せられ，学内では安全対策が大幅に強化された．

b．爆発事故

(1) 閉鎖空間で有機溶媒を使用すると危険である

事例：気温が高い夏に，ドラフトのない部屋を閉め切って，冷房をかけTHFの蒸留をしていた．開放系で蒸留していたためTHFの蒸気が室内に充満し，冷房で凝縮されたTHFがサーモスタット

の火花で引火して爆発した．学生はドアごと吹っ飛んでケガをした．[THFの爆発範囲は2.0〜11.8%と比較的低く，引火点は−19℃である．また，毒性が高いため換気設備のない閉鎖空間で使用してはならない]

(2) **爆発性化合物は危険性が高いため，白衣，保護メガネ，安全衝立てを必ず使用する**

事例1：オープンベンチ上でサンドマイヤー反応を行っていたところ，爆発した．白衣，保護メガネ，安全衝立てを使用していたためケガはなかった．

事例2：NaN_3の粉末をKBr粉末と一緒に瑪瑙乳鉢ですっていた．さらに金属スパチュラで壁面をこすったところ，爆発した．本人は気絶し，夜間に1人で実験を行っていたため発見が遅れた．乳鉢の細かい破片が体中に刺さり，一時重体になった．[アジド化合物は摩擦によって爆発しやすい．また，アジド塩を金属スパチュラで掻いたため分解した．爆発の危険性のある液体や固体を取り扱うときにはプラスチックのピペットやスパチュラを使用する]

(3) **ドラフト前面の透明ボードは必要なとき以外は閉める**

人身事故は避けられる場合が多い．ドラフト内で操作が必要な場合でも，透明ボードは最小限開けるに留める．絶対にドラフトの中に顔を入れないようにする．

事例1：有機リン化合物をフラスコに入れて減圧蒸留中，100℃になったあたりで突然爆発しフラスコは完全に破裂した．爆発によって割れたガラス片が目に刺さり，眼球破裂を起こし失明する重大事故になった．[安全衝立てやドラフトを使用すべきであった]

事例2：マイクロ波分解装置で試料の酸分解を行っていたところ，急激に反応が進行し，安全装置が作動するよりも早く分解容器内の圧力が上昇し，爆発した．装置は破損したが，幸い安全衝立てを使用していたため実験者にケガはなかった．[装置を購入してすぐの事故である．マニュアルに従って行っていたが，反応試料の量が多かったため反応が暴走した．初めての試料を扱う際は特にごく少量で分解を行うことを徹底する]

事例3：アセチレンを用いた合成実験中，新人が実験室の照明をつけたとたんに爆発した．[アセチレン化合物は光によって容易に爆発することがある]

事例4：ニトロ化合物を無色透明のアンプル瓶に入れて室温で放置していたところ，爆発した．[ニトロ化合物は褐色瓶に入れ，冷蔵庫にて保存すること]

事例5：アジドアセトアルデヒドの精製をドラフト内で減圧蒸留により行ったあと，常圧に戻す作業をしていたところ蒸留フラスコ内の残留物が爆発し，ドラフト前面のガラスが全壊した．直接操作をしていた実験者1人がガラス片で負傷し手術をした．[白衣とメガネは着用していたが，保護メガネ未着用．容器が熱い状態のまま空気で常圧に戻したことによる蒸留残渣と空気との反応である．常圧に戻す際には十分に冷えてから不活性ガスを用いる]

(4) **液体窒素温度で酸素やアルゴンが容易に液化される**

液体窒素の使用により空気中の酸素が液化し，爆発や火災を引き起こす危険性がある．

事例：トルエンの脱気作業のため，ガラス容器にトルエンを入れて液体窒素で凍結し，真空ポンプで吸引操作を行う際，バルブ操作を誤ってアルゴンガスを液化させてしまった．その後，室温に戻す際にアルゴンが気化し，容器の内圧が上昇し破裂した．飛散したガラス片により顔面，手に外傷を負い，さらに右目にガラス片が入ったことが確認され，除去手術を行った．

(5) 過塩素酸塩を加熱乾燥したり，衝撃を与えたりすると爆発の危険性がある

事例1：過塩素酸イオンを持つルテニウム錯体を濃縮乾固後，高真空下でヒートガンを用いて加熱・脱水したところ，フラスコが爆発した．減圧真空下で爆発したため，ガラスが外に飛び出さずに最小限の被害に留まった．

事例2：グラムオーダの過塩素酸鉄をビーカーに入れて，加熱型スターラを用いて錯化反応を行っていたところ，溶液が蒸発乾固して爆発した．セラミックス製のスターラの上部は全壊して破片が飛び散ったが，幸い人がいなかったため，大事には至らなかった．

事例3：推奨の100倍量のニッケルヒドラジン過塩素酸塩の塊を粉砕していた化学専攻の大学院生が，突然起こった爆発により左手の指3本を失う事故に遭った．

(6) 重金属化合物からの重金属回収は原則として行わない［決して加熱乾燥してはならない］

事例1：白金錯体を回収する際に過塩素酸を入れて加熱したときに爆発した．ドラフトが破壊され，ガラスが飛散した．10 m以上離れた壁にもガラス破片が突き刺さった．

事例2：$AgNO_3$を用いて有機合成を行ったあと，Agを加熱回収しているときに爆発した．出血多量の重傷で14針も縫った．［雷酸銀・雷酸金が生成し，衝撃により爆発する発火薬である］

(7) THFとエーテルの事故が最も多い

THFは非常に酸化されやすく，エーテルと同様に徐々に空気酸化されて過酸化物をつくる．これを蒸留するとフラスコの底に過酸化物が濃縮され爆発するので，乾固するまで絶対に蒸留してはならない．また，マントルヒータを熱源にすると，蒸留の終わり近くになると過熱ぎみになり爆発する危険性がある．それを避けるために，マントルヒータを使用しないでシリコンオイルバスを使用する．古いTHFは過酸化物が生成しているので，決して使用してはならない．反応で過酸化物を使うことも多くあるが，エーテル中に残存する過酸化物は次のようにして確認できる．数 mgのヨウ化ナトリウム，痕跡の塩化第二鉄，および2～3 mLの氷酢酸を試験管にとり，1～2 mLのエーテル検液を注意深く加える．もし過酸化物が存在するとすぐに二相間に黄色のリングが現れる．このような場合，決して濃縮・蒸留してはならない．過酸化物を取り除くためには，まずヨウ化カリウムの酢酸溶液で洗浄し，続いて生成したヨウ素をチオ硫酸ナトリウム水溶液で除去するとよい．詳しくは（Baumgarten, 1973）を参考にすること．なお近年は，THFは新しいものを実験に用いるようになってきたが，イソプロピルエーテルはさらに危険であり，注意が必要である．無水溶媒の蒸留には不活性ガスのバルーンをつけることが多いが，小さいバルーンは内部の体積膨張に対応する能力が低いので大きめのバルーンを用いる．また，蒸留の際は還元剤を用いるとよい．

事例1：溶媒にTHFを用いた反応の途中で突然フラスコが爆発し，燃え上がったTHFを顔に浴びた．顔は形成手術で復元したが，全面にケロイドが残った．

事例2：THFの精製・蒸留中にベンゾフェノンを加えるためガラス栓をとったところ，THFが突沸・噴出して出火し，ドラフト排気管内で爆発した．顔面，上腕部にヤケドを負った．

事例3：THFの常時蒸留の際にフラスコにヒビ割れがあり，THFが漏れていた．容器内は危うく空になるところであったが，発見が早かったため大事には至らなかった．［可燃性溶液の加熱反応を行う前は，微小な星（ヒビ）がフラスコに入っていないかを徹底的に確認すること］

c. 高圧ガス容器（ボンベ）による事故

　高圧で実験する際，急激な圧力変動を避けるようにバルブなどをゆっくり少しずつ動かすこと．1次弁，2次弁，3次弁という開栓の順序を守ること．また高圧ガス容器を立てて保管する場合は，必ず転倒防止策を施す．移動する際にはボンベキャリーを使用する．

事例1：高圧ガスボンベのガスを止める際に2次弁を逆に回し，慌ててさらに逆方向に回した．近くの学生が処置したため，ガラス器具の破裂は防げた．

事例2：1968年製の古い液化塩化水素の高圧ガスボンベから，弁の腐食が原因と考えられるガス漏洩が発生し，学生は避難することになった．[使用しないガスボンベは早期返却が必要である]

事例3：内部に油汚れのついたゲージを酸素ボンベに装着しバルブを開けたところ，爆発した．ゲージが飛び，周囲のコンクリート壁に激突し損傷した．[高圧酸素は激しい燃焼を引き起こす．有機物で汚れた酸素用ゲージは決して用いてはならない]

d. デュワー瓶による事故

　冷媒使用時のデュワー瓶は倒れないように固定し，保護メガネを着用する．液体窒素はほかの熱媒体（この場合は軍手）を冷却するために，凍傷を起こす．濡れた手で液体窒素をさわっても同様である．取り扱うときは低温実験用グローブを使用する．軍手の上からビニール手袋をするのもよい．

事例：軍手をして作業中，近くにあった液体窒素容器に触れ，液体窒素が軍手の上から手にかかり凍傷になった．

e. 悪臭・公害

事例1：二硫化炭素を用いた実験をドラフト外で行っていたところ，研究室外へ拡散した．[同実験はドラフト内で行う．二硫化炭素は水に溶けず，エーテルと同じくらい引火性・爆発性が強い]

事例2：悪臭のためドラフトを通してメルカプタンを屋外に排出した．メルカプタンが周囲の住宅地に蔓延し，消防車の出動が要請された．[ドラフトで排気・拡散させず，使用した容器・器具，残った少量の試薬は次亜塩素酸ナトリウム溶液で処理する]

　都市ガスの臭いづけに使われているのは，t-ブチルメルカプタンである．わずかな漏洩でもガス検知器にかかり，付近の住民の知らせで消防自動車が駆けつける．ロータリーエバポレータを使う際には，水道水あるいは水流ポンプを用いたアスピレータを使用せず，電動の真空ポンプなどを利用して液体窒素のデュワー瓶を用いてトラップする．ドラフトのスクラバでは臭いまでは除去できない．

f. 真空ポンプによる事故

　真空ポンプのオイル交換時期は通常の使用状態（トラップつき，排気に含まれる溶媒・水分があまりない状態）のもと，おおよそ1日8時間の使用で1年間が目安である．排気に含まれる溶媒，水分，トラップの有無に左右されるのでその点も考慮して交換してほしい．最近の真空ポンプではむき出しのVベルトは少ないが，むき出しの場合はカバーをつけて使用する．また，ベルトとプーリーの間に指を挟まれて骨折した事例も報告されている．

事例：真空ポンプのオイル劣化でオーバーヒートになり，火花から小火が起きた．また，真空ポンプのスイッチを切ろうとしてベルトに指を挟まれた．

g. 電気による事故

ネジの緩みや，ホコリが溜まっていないか，圧着端子（特に＋側）が焦げていないかなどを日頃から確認する．タコ足配線をしているコンセントにホコリが溜まっていると火災の原因になりやすい．

事例1：キセノンランプのスタータとコードをつなぐ端子部から発火した．

事例2：コードの被覆が剥がれていることに気づかず，プラグをコンセントに差しスイッチを入れたところ火花が発生した．

h. 工作機械による事故

事例：夜中に女子学生が1人で機械工作室で実験していた．旋盤に髪の毛が絡みつき，窒息死した．

i. 分液ロートによる事故

二成分系を扱う分液操作は，混合による熱の発生などが原因となりガスの発生を伴う．したがって，分液ロートを使用する操作はガス抜き操作をこまめに行う必要がある．実験前に器具のひずみ，割れのチェックを行うことは当たり前であるが，老朽化したガラス器具は廃棄したほうがよい．有機化学反応で用いた酸触媒を中和除去するのに，分液ロートを用いて行い，反応混合物を炭酸水素ナトリウム溶液で洗浄することがよくある．このとき炭酸ガスが発生し内圧が上昇するので，こまめにガスを抜きながら分液操作を行う．なお硫酸で洗浄する場合，硫酸は強酸であり，液漏れにより薬傷を負う恐れがあるので注意が必要である．白衣，保護メガネの着用はもちろん，必要に応じ保護手袋・ゴムエプロンの着用も必要である．

事例1：精製のため，分液ロートに入れたジエチルエーテルへ調製したばかりの希硫酸を加えたところ内容物が噴出し顔面を直撃した．［沸点が低いジエチルエーテルに，調製したばかりの80℃程度の硫酸を加えたため突沸した］

事例2：希硫酸が飛散し，洋服に付着した．乾燥するうちに焦げて穴が開いた．［硫酸は不揮発性であり，希硫酸でも水が蒸発すれば濃硫酸になる］

j. レーザーによる事故

保護メガネを着用し，レーザーの光路にカバーをする．レーザーの散乱光はどこから来るかわからないので，レーザー光を反射する金属（ベルトバックルや時計など）は外しておく．

事例：試料を溶解した液化ヘリウムにレーザー光を照射中，液化ヘリウムの量を確認するためにガラスセルをのぞいたために散乱光を右目に曝露した．その後，視界が茶色になり黒点が見え始めた．検診（3ヶ月通院）の結果，幸いにして異常はなかった．

k. アルカリによる損傷

アルカリは皮膚に付着すると浸透しやすく，洗浄に時間を要する．なお，アルカリ（無機，有機を問わず）が目に入った場合は角膜の損傷を引き起こし，失明する危険がある．

事例1：アルカリ溶融の際，溶けたアルカリを温度計で撹拌していたところ，温度計が破裂してアルカリが目に入り失明した．

事例2：コンタクトレンズを着用したまま実験を行い，水酸化ナトリウム溶液が目に入った．一瞬に

して目全体に広がり，角膜を損傷した．[実験のときはコンタクトレンズを外してメガネを着用すること]

l. 酸による損傷

硫酸は強酸であり，有機物を激しく侵し，その際に発熱するため注意が必要である．白衣，保護メガネの着用はもちろん，必要に応じ保護手袋・ゴムエプロンの着用も義務づける．突沸したときに管口より試薬が飛散する恐れがあるため，試験管で加熱する際には管口を人のいないほうに向けて振りながら加熱する．いずれも保護メガネを着用していれば防ぐことのできる事故である．簡単な実験でも実験するときは必ず保護メガネの着用を義務づける．発煙硝酸，発煙硫酸，クロルスルホン酸は激烈な反応を伴い身体を溶かすため，皮膚に付着したらすぐに病院で治療を行うこと．

事例1：王水にグリセリンを混ぜ，ステンレス鋼のエッチングをしたあと，ガラス瓶に栓をして保管した．1時間後，当該瓶よりガスが漏れていたので瓶の栓を緩めたところ，熱くなっていた酸の蒸気でヤケドした．

事例2：発煙硝酸の1滴を手につけたまま1〜2分放置したため，少領域ながらⅢ度のヤケドになって，治癒するまで半年の時間を要した．

m. ガラスによる損傷

ガラスは圧力には耐えるが，引張りには弱い．したがって，直管をゴム栓の穴に挿入する際のひねりに弱く，割れるので注意する．このような場合，鋭い先端を見せながら割れることが多く，容易に手のひらを貫通するため，ガラス管をゴム栓に挿入する際にひねりながら押し込むのは厳禁である．ガラス管・温度計などをゴム栓・管に挿入するときは，ゴム栓のすぐ近くのガラス管を持ち，ゆっくり挿入する．ガラスに水・エタノール・グリースをつけると入れやすくなる（第6章参照）．

事例1：穴を開けたゴム栓にガラスロートの脚部をひねって通そうとしたところ，ロートの脚部が折れたため，はずみで右手中指の付け根に裂傷を負った．

事例2：還流冷却器にゴム管を装着する際にガラス管が折れ，右手の指3本に傷を負った．

n. ガラス細工作業中の損傷

ガラス細工は化学実験の基礎操作であるが，学生はガラス器具の安全性についてほとんど指導されていない（第6章参照）．加熱した廃ガラスは冷却してから捨てるべきであり，廃ガラス入れに可燃物を捨てないようにする．加熱したガラスは400〜500℃にもなっている．加熱後，放冷するときは耐熱板上で行う．有機溶媒の近くでガラスを細工するのは大変危険である．有機溶媒を使用する実験室は火気厳禁が当たり前である．

事例：実験台上に焼き切ったガラス管を置いておいたところ，手で持ってしまい白い煙とともに肉の焼ける臭いがして，ヤケドを負った．

o. 毒ガスによる事故

毒性のある薬品は，必ずドラフト内で，手袋・保護メガネを着用して取り扱う．薬品の性質は必ず事前に把握しておく．

第2章　事故事例と教訓

危険度の高い実験は複数（特に学生の場合は職員の指導のもと）で実施する．マスタードやナイトロジェンマスタードは史上最強の毒ガスとして使用されたものであり，その類縁体も同様の毒性を有する．事前に試薬・反応生成物の物性・毒性をよく調べることが必要である．

事例1：配位子の合成中間体として合成したトリス（ヒドロキシエチル）アミンを臭素化して得られるトリス（ブロモエチル）アミンから，ナイトロジェンマスタードよりは弱いが同じ活性を持つ毒ガスが生成した．ドラフト内で実験を行っていたにもかかわらず，近くにいた学生が皮膚糜爛（びらん）の症状を引き起こした．［ナイトロジェンマスタードは塩素化したものである］

事例2：ジメチル水銀をグローブボックス内で扱っている際，誤って注射針を指に刺し，1日後に死亡した．有機水銀が猛毒であることは周知の事実である．同様に有機リンなど農薬原料になるものも猛毒であり，扱う前に毒性を調べるとともに，扱いに細心の注意を払う必要がある．オキシ塩化リンなどを処理する際はアルコールの使用を避けなければならない．

2.2 危険な化合物の予測

ノーベルが発明したダイナマイトのように，爆発させることによって役立つものが知られているが，実験室系では偶然に爆発性の化合物をつくってしまい事故に至るケースが多い．それではどのような化合物が爆発するのであろうか．これから合成しようとする化合物の構造式を見るだけで判断できれば，危険を回避できるであろう．爆発は，爆発に伴う衝撃波と爆風からなる．このうち衝撃波は，化合物が分解・燃焼することにより生じる光や熱エネルギーであり，爆風は爆発によって生じた高圧気体からなる．すなわち，爆薬が爆発するとまず衝撃波が毎秒数千mの速度で伝わり，さらに爆薬固体のいたるところで数十GPaにも及ぶ高圧気体が発生して爆風となる．このような爆発性の物質は常温常圧で速度論的に安定であり，熱力学的には反応の自由エネルギー変化が大きく，発熱する物質である．一度，数分子が反応を開始すると，その反応熱で周辺の分子も活性化され連鎖的に反応が起こるため爆発する．以下に爆発しやすい化合物の特徴を述べる．

- 1つの分子内に酸化剤（$-ONO_2$, $-NNO_2$, $-CNO_2$）と還元剤（$-NH_2$, $-CH_2-$）を含むもの
- 酸化還元反応でN_2気体を発生しやすいもの（N原子数が多い化合物）

a. 爆発しやすい化合物

さて，図2.1に今までに知られている有名な爆薬の構造式を示す．いずれも酸化剤として働くNO_2基と，還元剤として働くNH_2基やCH基を分子内に含んでいることがわかる．このうち，TNT（トリニトロトルエン）は火薬として有名である．RDX（サイクロナイト）は第二次世界大戦中に開発された軍用爆薬である．HMXは現在実用化されている中で最強の爆薬であり，また実用化されてはいないが，今まで合成された中で最強のものはオクタニトロキュバンである．このように爆発によってN_2が発生する窒化物は，二原子分子のガスの中で最も安定な三重結合を持つN_2を発生するため大きなエネルギーを放出できる．また，NO_2基は爆発のときに還元されてN_2になると同時に，C原子をCOやCO_2ガスに酸化し，H原子をH_2Oにまで酸化するため爆発性の置換基であるといえる．したがって，有機分子の中でNO_2基が多いものには注意が必要である．オクタニトロキュバンは爆発すると，その反応式（$C_8(NO_2)_8 \longrightarrow 4N_2 + 8CO_2$）からわかるように，1分子で12当量の気体を発生するため，爆風による破壊力も大きい．EDNA（ハライト）はきわめて破壊力が強い爆

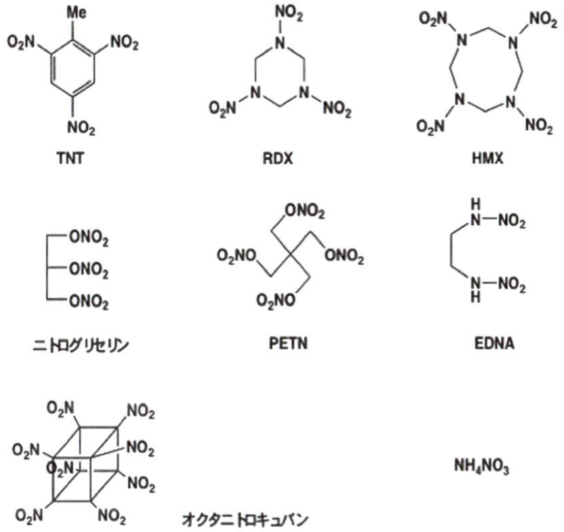

図 2.1 現在知られている主な爆薬の構造式

薬であるが，衝撃には安定で温度に敏感である．有機分子の中の爆発感度の大きな官能基の順番は $-ONO_2 > -NNO_2 > -CNO_2$ のようになる．ニトログリセリンは非常に不安定な爆発性の液体であるが，ケイ藻土に吸着させると安定化されることをノーベルが見つけたことは非常に有名な話である（なぜケイ藻土によって安定化されるのか理由はわかっていない）．ダイナマイトの名前はケイ藻土（diatomite）からきている（ニトログリセリンの生産現場では，製造工程の管理者が絶対に居眠りできないように一本脚の椅子に座って，反応容器の温度を記録している）．また，ニトログリセリンは狭心症の特効薬としても有名である．これはニトログリセリンが生体内で代謝されてNOが発生し，血管の平滑筋を弛緩させる作用があるからといわれている．

b. 天使と悪魔の顔を持つ分子

　NH_4NO_3 は肥料（硝安）として大量に生産され，植物の窒素源として必要な原子を供給する物質であり，食料の増産に必要不可欠な物質である．私たちが行っている化学実験でも，カラムクロマトグラフィなどの溶離液に使用される．穏やかに加熱すると170℃で溶けて式 (1) のように笑気 (N_2O) を発生する．しかし，急激に250℃以上に温度を上げたり，大きな衝撃を加えたりすると式 (2) のように爆発する．

$$NH_4NO_3 \longrightarrow N_2O + 2H_2O \qquad \cdots\cdots\cdots (1)$$
$$NH_4NO_3 \longrightarrow N_2 + 2H_2O + \frac{1}{2}O_2 \qquad \cdots\cdots\cdots (2)$$

　この NH_4NO_3 の注目すべき点は，水に飽和した濃厚溶液でもアクアジェルとして爆発するということである．溶液状態でも爆発の危険性があるため，製造工程や輸送においても十分注意が必要である．NH_4NO_3 は上述のように肥料として使用されるため，列車や船などで大量に輸送されることがある．そのため，この大量の NH_4NO_3 が粉塵爆発や静電気などで爆発したときは，その被害は甚大である．現在までに起きた NH_4NO_3 の爆発によるものと考えられる大きな事故事例を挙げておく．

・ベルギーテッセンデルロー肥料工場爆発事故（1942 年 4 月 29 日）

　ベルギーのテッセンデルローにあるテッセンデルロー化学社の肥料工場で，野積みされていた KCl の山を崩そうとして，誤って NH_4NO_3 の山をダイナマイトで崩したため，爆発させてしまった．NH_4NO_3 の 150 トンが爆発し，工員と市民合わせて 189 人が死亡した．

・テキサスシティ大災害（1947 年 4 月 16 日）

　アメリカのテキサス州テキサスシティの港で汽船グランドキャンプ号が爆発した．この船には 8500 トンの NH_4NO_3 が積まれており，爆発により 581 人の死者と 5000 人以上の負傷者が出た．

・龍川駅列車爆発事故（2004 年 4 月 22 日）

　北朝鮮の平安北道龍川郡で大爆発（TNT 換算で推定 800 トン相当）が起こり，龍川駅を中心に半径約 2 km が跡形もなく吹き飛んだ．死者 150 人以上，負傷者 1200 人以上．北朝鮮の公式発表によれば，NH_4NO_3 を積んだ列車と石油輸送列車が線路脇の電線のショートにより炎上爆発したとされている（ウェブサイト「人によって引き起こされた核爆発以外の大爆発一覧」参照）．

c. アジ化物；6 の規則 *"rule of six"*

　有機化学実験室や生物科学実験室でごく普通に使われている爆発性の化合物にアジ化物がある．アジ化物（アジド）には無機アジ化物と有機アジ化物があり，「アジドは怖い」と思われているのは多くの金属アジ化物が衝撃に敏感だからである．しかしながら，ある種の有機アジ化物，特に分子量の小さいものもまた爆発性で危険である．アジ化ナトリウムは，酸性にして揮発性で毒性の高い HN_3 を発生させない限り，特に水溶液では比較的安全である．有機アジ化物に対しては *"rule of six"* が非常に便利である；同一分子内にアジド，ジアゾ，ニトロ基などの高いエネルギーを持つ官能基 1 個当たり 6 個の炭素原子（またはほぼ同じ大きさのほかの原子）があると十分な希釈効果があり，その化合物は比較的安全になる．アジド基にアセチレン（エチニル基）などのエネルギーを高める置換基があると危険度が増す．ある種の遷移金属（特に三価の Fe^{3+}，Co^{3+}）や強酸（すなわち，有機過酸化物分解の最も効果的な触媒と同じ）は有機アジ化物を触媒的に分解する．オレフィン，芳香環，カルボニル残基に直結したアジド基はそれほど安定ではなく，脂肪族アジドより危険である（N_2 を一分子ロスするのに要するおおよその活性化エネルギーはそれぞれ 29, 49 kcal/mol）．このためアジ化物は蒸留したり，不用意に取り扱ったりすべきではない（Kolb, et al., 2001）．有機アジ化物を取り扱うとき，次式で表される C/N 比は 3 以上にすることが望ましい．詳しくは（Bräse, et al., 2005）を参考にするとよい．

$$(N_C + N_O)/N_N \geq 3 \quad N：原子数$$

■ 文 献

「人によって引き起こされた核爆発以外の大爆発一覧」, http://ja.wikipedia.org/wiki/
Baumgarten, H. E. ed. (1973) Organic Syntheses. *Coll.* **5**: 642（http://www.orgsyn.org）
Bräse, S., Gil, C., Knepper, K. and Zimmermann, V. (2005) *Angew. Chem. Int. Ed.*, **44**: 5188-5240.
Kolb, H. C., Finn, M. G. and Sharpless, K. B. (2001) *Angew. Chem. Int. Ed.*, **40**: 2004-2021.

3 化学薬品の取り扱い方

　化学実験室の中は，ふだん暮らしている場所とは異なり，「危険」であふれている．可燃物による火災・爆発，腐食性試薬による薬傷，ガラス器具による切創，高圧力による破裂などが起きないように，また，起きたときにそれらから身を守るために必要なことを学ばねばならない．中でも特に危険なものは薬品類である．研究室にある薬品類で毒性のないものはない，と思ってほしい．

3.1　一般的注意

　化学実験に用いる薬品の多くは危険で有害な物質である．たとえ少量であっても取扱いには十分な注意を要する．自分が扱う化合物の危険性（腐食性，発ガン性，急性毒性，経皮吸収性，爆発性，自然発火性，引火性など）を事前に十全に把握しておく．

　純水，ブドウ糖，食塩など，ごく一部の無害性・無毒性が確認されているものを除き，すべての薬品は人体に取り込んでよいものではない．薬品を口に入れたり，薬品に鼻を近づけて臭いをじかにかいだりしてはいけない．気体の臭いをかぐときは手扇を使う．手指に傷がある場合は手袋を使用する．ただし手袋を過信してはならない．また，薬品や試薬の瓶を扱った手で顔，髪など，または食品をさわってはならない．

　塩酸，硫酸，硝酸，水酸化ナトリウム，水酸化カリウムなどは，反応剤としてのみならず反応の停止や反応混合物の後処理にも用いられるため，実験全般において頻繁に使用される薬品である．それゆえ，慣れからくる不注意によって事故を招く恐れがある．これら以外の薬品も使用法を誤れば大事故につながるので特に注意する．

　また，別の実験に使うために持ってきた薬品を片づけないまま，次の実験を開始したために引火して思わぬ事故を起こす例も多い．これらは整理・整頓が不十分なために起こる事故である．実験に必要なもの以外は持ち込まない，放置しないという基本を守ることが大切である．また，実験台が乱雑になっていると，事故が発生した場合の被害も大きくなる．実験台上に必要以上の薬品類を置いてはならない．

　なお言うまでもないことだが，研究室の試薬を外部へ持ち出してはならない．薬品の紛失や盗難に注意する．

a. 化学薬品の購入

　薬品を購入する際は，まず在庫の有無を調べる．在庫がない場合，その薬品が本当に必要であるかを再度調べ，必要量，価格，製造元などの必要事項を調べたあと，研究室責任者に購入の許可を求め

る．購入は必要最少量に限定する．発注した試薬が納入され受け取る際には，注文したものと合っているかどうかを確かめる．

購入後は，薬品類をしかるべき安全な場所に保管・管理し，類似の危険性を持つものごとに分類する．保管庫内での転倒防止にも十分な配慮が必要である．可燃性，爆発性，腐食性や毒性を有する危険物質については特に注意が必要である．薬品の紛失や盗難にも注意する．

ほとんどの大学において，試薬は学内 LAN 試薬一括管理システムにより管理されている．試薬の注文，登録，廃棄の手続き方法を十分に確認し，データベースを常に最新の状態にアップデートしておくために，薬品の出庫や入庫，廃棄手続きなどを忘れずに実行する．

b. 化学薬品の危険有害性

実験に用いる化学薬品の多くは危険で有害な物質である．試薬は研究室などで専門家が使用することを想定した仕様になっている．試薬ラベルの限られたスペースに表示できる記載事項は最低限の情報であり，法律により規定される場合を除き，例えば保護具の着用などの詳細な注意事項が省略されていることがある．また現時点では危険有害性の知見が得られていない物質も数多く存在する．現状で法的規制を受けていない物質についても，その取扱いには十分に注意する．

薬品の製品ラベルには「危険有害性」を示す絵表示（シンボルマーク）が表記されている．このシンボルマークは労働安全衛生法に基づく法定表示対象物質（GHS 分類基準．巻末付録2参照），および日本試薬協会による選定基準（巻末付録3参照）に基づいている．現状では2種類のマークが混在することになるので注意を要する．海外製品については，原産国の分類基準に従ったシンボルマークが商品ラベルに表示されている．GHS とは，Globally Harmonized System of Classification and Labelling of Chemicals の略称で，「化学品の分類および表示に関する世界調和システム」と訳される．化学物質の危険有害性について，その分類および表示方法を国際的に統一し，使用者（労働者，消費者，輸送関係者など）が安全に化学品を扱うことができるよう配慮した仕組みで，2003年3月に国際連合（国連）より勧告・公表された．安全と健康を確保し環境を保護することを目的として，製品ラベルや化学物質安全データシート（MSDS：Material Safety Data Sheet）には，危険有害性の内容を示すシンボルマークや注意喚起語などが記載されている．日本では労働安全衛生法の改正により対応が進められており，現在では計99物質が GHS の表示対象物質として指定されている．

薬品を使用する際は，MSDS をメーカーのウェブサイトなどから取得してプリントアウトし，常に手元に置く．そして MSDS を熟読し，薬品の性質をよく理解した上で使用する．MSDS には使用する薬品について以下のデータがまとめられており，その薬品が危険性物質である場合には特に太字で記載した項目を入念にチェックする（詳しくは3.5節参照）．

　　○化学物質など及び会社情報　○**危険有害性の要約**　○組成　○成分情報　○**応急措置**
　　○**火災時の措置**　○**漏出時の措置**　○**取扱い及び管理上の注意**
　　○**曝露防止及び人に対する保護措置**　○物理的及び化学的性質　○**安定性及び反応性**
　　○**有害性情報**　○環境影響情報　○**廃棄上の注意**　○輸送上の注意　○適用法令

当然のことながら，薬品を取り違えないよう，薬品を使用する際にはラベルを必ず確認する．

なお，廃液は大学などで決められた所定の分類に従い，適切に処理する．

c. 保護具

実験の身支度はそれぞれの実験に適したものがある．最適の服装および履物を準備する．

(1) 白衣などの実験衣

実験時には白衣を着用し，ボタンを留める．腕まくりは禁止である．

これは汚れを防ぐためだけではない．酸・アルカリなどの薬品や極低温の液体窒素をかぶってしまった場合，通常の衣服では容易に皮膚まで浸透してしまうが，白衣は肌に密着していないので，多量の液体を浴びた場合も，直ちに脱ぎ捨てることができ，難なく被害を逃れられるからである．また，毛糸のセーターなどは容易に着火し，火の回りが速いので注意する．

(2) 保護メガネ（安全メガネ）

保護メガネは，薬品の飛沫，破裂により飛散したガラスの破片などから目を守るため，絶対に必要である．

ほんの一滴の薬品やごく小さな破片でも目を傷つけるには十分である．隣の実験台で実験している学生が誤って薬品をまき散らしてしまうということも起こりうるため，自分の実験のときだけ保護メガネを着用するのでなく，実験台の近辺にいる限り保護メガネを外さない．廃液を回収タンクに捨てるときなども同様に保護メガネを着用して操作を行う．

(3) サンダル履きの禁止

実験室内では，動きやすく足の保護にもなる靴を使用する．緊急の際に迅速に避難できるよう，また素足に試薬などが直接かからないよう，爪先が覆われ，かかとのある靴を履くようにする．例えばゴム底のスニーカーやデッキシューズである．サンダルやヒールの高い靴は思わぬ事故を引き起こすことがあるので，滑りにくく転びにくい靴を選ぶ．

(4) そのときどきに応じた保護具の選択

軍手：ドライアイス，熱い器具や割れる危険のあるガラス器具を扱うとき．

厚手のゴム手袋：ガラス器具などを洗うとき．強酸や強アルカリを扱うとき．

ポリ手袋，ラテックス手袋：強酸・劇物・腐食性試薬・経皮吸収性化合物などを扱うとき．ただし，手袋を浸透する化合物も少なくないので適したものを選ぶ．空気中で発熱・発火するような液体（有機金属化合物など）が付着した場合は融解・燃焼の恐れがある．また，液体が大量にかかったあとにそのままにしておくとかえって危険なのですぐに外す．

マスク：シリカゲルの小分けなど，粉塵が舞うとき．

髪留め：長髪の者は邪魔にならないよう髪を束ねる．

3.2 危険物，毒物・劇物

実験室で使用する化学薬品には，発火，爆発などの危険物，私たちの健康に害を与える毒物・劇物がある．取扱い方法を誤ると，爆発火災，健康障害などを引き起こす．危険物に関しては消防法により取扱い方法が規定されており，毒物・劇物に関しては「毒物及び劇物取締法」により法的に規制されている．

a. 危険物

消防法では危険物をその性質に応じて，第1類から第6類まで分類し（表3.1），その指定数量を

第 3 章　化学薬品の取り扱い方

表 3.1　消防法における危険物の分類

類　別	性　質	性質の概要
第 1 類	酸化性固体	そのもの自体は燃焼しないが，ほかの物質を強く酸化させる性質を有する固体であり，可燃物と混合したとき，熱，衝撃，摩擦によって分解し，きわめて激しい燃焼を起こさせる．
第 2 類	可燃性固体	火炎によって着火しやすい固体または比較的低温（40℃未満）で引火しやすい固体であり，出火しやすく，かつ燃焼が速く消火することが困難である．
第 3 類	自然発火性/禁水性物質	空気にさらされることにより自然に発火し，または水と接触して発火し，もしくは可燃性ガスを発生する．
第 4 類	引火性液体	常温で液体であって引火性を有する．
第 5 類	自己反応性物質	固体または液体であって，加熱分解などにより比較的低い温度で多量の熱を発生し，または爆発的に反応が進行する．
第 6 類	酸化性液体	そのもの自体は燃焼しない液体であるが，混在するほかの可燃物の燃焼を促進する性質を有する．

表 3.2　第 1 類危険物（酸化性個体）に分類される化合物の例

塩類名	化合物
塩素酸塩	$NaClO_3$, $KClO_3$, $Ba(ClO_3)_2$, NH_4ClO_3
過塩素酸塩	$NaClO_4$, $KClO_4$, NH_4ClO_4
亜塩素酸塩	$NaClO_2$, $KClO_2$, $Cu(ClO_2)_2$, $Pb(ClO_2)_2$
次亜塩素酸塩	$Ca(ClO)_2$, $NaClO$
臭素酸塩	$KBrO_3$, $NaBrO_3$
ヨウ素酸塩	$NaIO_3$, KIO_3
過ヨウ素酸塩	$NaIO_4$
過マンガン酸塩	$NaMnO_4$, $KMnO_4$
重クロム酸塩	$Na_2Cr_2O_7$, $K_2Cr_2O_7$
硝酸塩	$NaNO_3$, KNO_3, NH_4NO_3

表 3.3　第 2 類危険物（可燃性個体）に分類される化合物の例

分　類	化合物
硫化リン	三硫化リン（P_4S_3）と五硫化リン（P_2S_5），七硫化リン（P_4S_7）
金属粉	Fe, Al, Zn, Mg
その他	赤リン（P），硫黄（S）
引火性固体	固形アルコール，ラッカーパテ，ゴムのり

規定している．ここではその分類に従って説明する．

(1) 第 1 類：酸化性固体

　固体であって，酸化力の潜在的な危険性または衝撃に対する敏感性を示すものである．可燃物，有機物などと混合，加熱すると発火し，激しく燃焼する．加熱，摩擦，衝撃により爆発する場合がある．ほかの物質の燃焼の原因となるか，燃焼を助長する可能性がある物質である（表 3.2）．

取扱い方法：可燃物との接触，混合を避ける．分解を促す物質との接近もしくは加熱，衝撃，摩擦を避ける．アルカリ金属の過酸化物およびこれを含有する化合物は，水との接触を避ける．

消火法：一般に大量の水により消火を行う．ただし，アルカリ金属の過酸化物の場合には，炭酸水素塩類などを使用する粉末消火器，乾燥砂などによる窒息消火を用いる．

(2) 第 2 類：可燃性固体

　一般に火炎によって着火しやすい固体または比較的低温（40℃未満）で，引火しやすい固体（表

表 3.4 第 3 類危険物（自然発火性物質および禁水性物質）に分類される化合物の例

分類	化合物
アルカリ金属	Li, Na, K
アルカリ土類金属	Ca, Ba
アルキルアルミニウム	Me_3Al, Et_3Al, Et_2AlCl, $EtAlCl_2$
アルキルリチウム	MeLi, EtLi, BuLi
有機金属化合物	Et_2Zn, Et_3Ga
金属水素化物	LiH, NaH, CaH_2
金属リン化物	Ca_3P_2
金属炭化物	CaC_2（カルシウムカーバイト），Al_4C_3
リン	黄リン
塩素化ケイ素化合物	$SiHCl_3$

3.3)．いったん引火すると激しく燃焼する．酸化剤との混合，粉塵への引火などにより爆発を伴う可能性がある．これらの中には燃焼のときに有毒ガスを発生するものがあるので注意が必要である．

取扱い方法：火気，熱源より遠ざけ冷暗所に保管する．酸化剤との接触，混合を避ける．炎，火花もしくは高温物質との接近を避ける．鉄粉，金属粉，およびマグネシウムは水，または酸との接触を避け，引火性固体はみだりに蒸気を発生させない．

消火法：水と接触して発火し，また有毒ガスや可燃性ガスを発生するものは砂，粉末消火器がよい．それ以外（赤リン，硫黄など）は注水消火がよい．少量のときは炭酸ガス消火器も用いることができる．

(3) 第 3 類：自然発火性物質および禁水性物質

空気にさらされると，加熱しなくても自然に発火する．また，水や空気中の水分と反応して激しく発熱・発火し，多くは水素ガスを発生する（**表 3.4**）．

取扱い方法：自然発火性物質（アルキルアルミニウム，アルキルリチウム，黄リンなど）は炎，火花あるいは高温物質との接近，加熱を避ける．また空気との接触を避ける．特に石油の保護剤に浸漬したり，不活性ガスで封入したりする．禁水性物質は水との接触を避ける．これらのほとんどは自然発火性物質でもある．

消火法：一般に，乾燥砂，金属専用の消火器を使用する．禁水性物質に関しては水系の消火器を使用してはならない．炭酸塩類を用いた粉末消火器，その他の粉末消火器を用いる．

(4) 第 4 類：引火性液体

引火性の蒸気を発生し，空気と混合すると引火，爆発しやすい．引火性の強さによって**表 3.5**のように分類される．

取扱い方法：発火点が低く，爆発的に燃焼する．低沸点で爆発下限が低く，引火しやすい．したがって，引火性の高い物質はなるべく小分けにして，通気のよい，火気（スイッチ，静電火花など）から離れたところに保管し，特に容器からの蒸気の漏れがないことに注意する．

消火法：一般に引火性液体の比重は 1 より小さく，注水消火では引火性液体が水に浮いて火災範囲を広げる危険性がある．少量の引火には炭酸ガス消火器，粉末消火器を用いる．火災が拡大したときは泡消火器，霧状の強化液消火器を用いる．

第 3 章　化学薬品の取り扱い方

表 3.5　第 4 類危険物（引火性液体）に分類される化合物の例

分　類	化合物
特殊引火物	1 気圧で発火点が 100 ℃以下，または引火点が -20 ℃以下で沸点が 40 ℃以下．Et_2O, CS_2, CH_3CHO, 酸化プロピレン
第 1 石油類	1 気圧で引火点が 21 ℃未満．ガソリン，ベンゼン，トルエン，酢酸エチル，アセトン，ピリジン
アルコール類	炭素数 3 以下の 1 価アルコール．MeOH, EtOH, n-PrOH, i-PrOH
第 2 石油類	1 気圧で引火点が 21〜70 ℃未満．灯油，軽油，キシレン，酢酸
第 3 石油類	1 気圧 20 ℃で液体であり，引火点 70〜200 ℃未満．重油，アニリン，ニトロベンゼン，エチレングリコール，グリセリン
第 4 石油類	1 気圧 20 ℃で液体であり，引火点が 200 ℃以上．潤滑油（ギヤ油，シリンダー油，マシン油）
動植物油類	1 気圧 20 ℃で液体であり，動植物から得られる油で，引火点が 250 ℃未満．やし油，アマニ油，ごま油

表 3.6　第 5 類危険物（自己反応性物質）に分類される化合物の例

分　類	化合物
有機過酸化物	過酸化ベンゾイル，メチルエチルケトンパーオキシド
硝酸エステル	硝酸メチル，硝酸エチル，ニトログリセリン，ニトロセルロース
ニトロ化合物	トリニトロトルエン，ピクリン酸，ニトロメタン
ニトロソ化合物	ジニトロペンタメチレンテトラミン
アゾ化合物	アゾベンゼン，アゾビスイソブチロニトリル
ジアゾ化合物	ジアゾアミノベンゼン，ジアゾ酢酸エチル
ヒドラジンの誘導体	硫酸ヒドラジン，フェニルヒドラジン
ヒドロキシルアミン	ヒドロキシルアミン，塩酸ヒドロキシルアミン
金属アジ化物	アジ化ナトリウム
その他	硝酸グアニジン

表 3.7　第 6 類危険物（酸化性液体）に分類される化合物の例

化合物	性質および保存方法
過塩素酸	不安定な物質で，常圧で密閉容器中に入れ，冷暗所で保存しても，しだいに分解，黄変し，その分解物が触媒となり，ついには爆発的な分解を起こすため，定期的に検査し，変色などしている場合は廃棄する．
過酸化水素	3% 水溶液はオキシフルとして使用されているが，36 重量％以上は危険である．密封せず，通気のため穴の開いた栓をする．
硝　酸	光や熱によって分解して褐色の二酸化窒素を生じる．強力な酸化剤で多くの金属を溶かすほか，多くの卑金属を酸化する．酢酸などとも爆発的に激しく反応し，分解ガスを発生する．

(5) 第 5 類：自己反応性物質

　加熱，衝撃，摩擦，光などの外部刺激により自己反応を起こし，発熱して爆発的に反応が進行する物質であり（表 3.6），熱分解により多くの熱を発生する．酸素を含有するので，加熱による分解などの自己反応により多量の熱を発生して自己燃焼し，その速度も速い．

　特に注意を要する化合物と化学結合

　硝酸エステル $-O-NO_2$，ニトロ化合物 $-NO_2$，ニトロソ化合物 $-N=O$，パーオキシド $-O-O-$

取扱い方法：通気のよい冷暗所に保管し，熱，衝撃，摩擦を避ける．
消火法：一般に大量の水により消火を行う．きわめて燃焼が速いため，量が多いと消火が困難になる．

(6) 第6類：酸化性液体

そのもの自身は不燃性の液体（表3.7）であるが，可燃物，還元性物質，金属粉などと接触すると激しく反応し，発火，爆発する．ほかの可燃性物質の燃焼を促進させる．腐食性がある．

取扱い方法：耐酸性容器に入れ，有機物，可燃物と接触しないように保管する．火気や直射日光を避ける．

消火法：一般に大量の水により消火を行う．

b. 毒物・劇物

有毒物質は「毒物及び劇物取締法」によりその取扱いが規定されている．毒物・劇物は試薬瓶に表示が義務づけられており，試薬瓶をチェックすればわかる．表3.8に主な毒物・劇物を示す．

毒物・劇物は密閉した容器に入れ，内容物を明記して施錠した薬品棚に保管する．不特定多数の人が使用できないように，鍵の管理を徹底する．使用するごとに使用日時，使用者，使用量，使用目的などを記録する．

化学物質の毒性は，化学物質の摂取から発症までの時間により，急性毒性（中毒）と慢性毒性に大きく分けられる．急激に現れやすい毒性として腐食性，刺激性，窒息性，酸素代謝障害性などがある．急性症状を腐食性物質，刺激性物質，毒物・劇物に分けて説明する．

(1) 腐食性物質（液体，粉塵）

侵入経路：主に皮膚

症状：表皮組織の凝固，崩壊により，水疱，潰瘍，ケロイドを生じ，体内に吸収されることもある．

物質例：酸，塩基，酸化剤，重金属の塩類，有機金属類，ホウ素類，フェノール類，アミン類など．

(2) 刺激性物質（気体，液体，粉塵）

侵入経路：目，鼻，のど，呼吸器の粘膜

症状：目の催涙，充血，炎症，結膜炎，鼻汁，出血，炎症．呼吸器では咳，頭痛，めまい，呼吸器系

表3.8 主な毒物・劇物

分類	化合物
特定毒物	四アルキル鉛，モノフルオロ酢酸，モノフルオロ酢酸アミド
毒物	黄リン，ジアセトキシプロペン，シアン化水素，シアン化ナトリウム（および無機シアン化合物），ジニトロクレゾール（および同塩類），水銀，水銀化合物，セレン，セレン化合物，ニコチン（および同塩類），ニッケルカルボニル，ヒ素，ヒ素化合物，フッ化水素，硫化リン，アジ化ナトリウム
劇物	アクリルアミド，アクリルニトリル（アクリロニトリル），アクロレイン，アセチレンジカルボン酸アミド，亜硝酸塩類，アニリン（および同塩類），N-アルキルアニリン，N-アルキルトルイジン，アンチモン化合物，アンモニア，エチレンクロルヒドリン，塩化水素，塩化第一水銀，塩素，塩素酸塩類，過酸化水素，過酸化ナトリウム，過酸化尿素，カドミウム化合物，カリウム，カリウムナトリウム合金，キシレン，クレゾール，クロム酸塩類，クロルエチル（塩化エチル），クロルスルホン酸，クロルピクリン，クロルメチル（塩化メチル），クロロホルム，ケイフッ化水素酸，酢酸エチル，シアン酸ナトリウム，四塩化炭素，ジクロル酢酸，ジクロルジニトロメタン，ジクロルブチン，1,2-ジブロムエタン，ジブロムクロロプロパン，ジメチル硫酸，重クロム酸，シュウ酸，臭素，硝酸，硝酸タリウム，水酸化カリウム，水酸化ナトリウム，1,1,2,2-テトラクロルニトロエタン，トリクロル酢酸，トリクロルニトロエチレン，トルイジン，トルエン，ナトリウム，鉛化合物，ニトロベンゼン，二硫化炭素，発煙硫酸，パラトルイレンジアミン，パラフェニンジアミン，バリウム化合物，ピクリン酸，ヒドロキシエチルヒドラジン，ヒドロキシルアミン，フェニレンジアミン，フェノール，ブロムアセトン，ブロムエチル（臭化エチル），ブロム水素，ブロムメチル（臭化メチル），ベタナフトール，ペンタクロルフェノール，ホウフッ化水素酸，ホルムアルデヒド，無水クロム酸，メタノール，メチルイソチオシアネート，メチルエチルケトン，モノクロル酢酸，ヨウ化水素，ヨウ化メチル，ヨウ素，硫酸，硫酸タリウム，リン化亜鉛，ロダン酢酸エチル

疾患を引き起こし体内に吸収される．

物質例：有機ハロゲン化物，低級酸，アルデヒド，過酸化物，腐食性物質や劇物など．

(3) 毒物・劇物

侵入経路：経口，皮膚や粘膜，あるいは吸入

症状（神経系）：主として中枢神経と心臓を侵し，頭痛，めまい，嘔吐，麻酔状態，呼吸麻痺，心臓停止を引き起こす．［メタノール，クロロホルム，四アルキル鉛］

症状（血液系）：血色素を溶解または機能不全に変質して酸素供給を阻害し，呼吸困難，けいれん，呼吸停止を引き起こす．［シアン化合物，塩素酸塩，ニトロベンゼン，アニリン］

症状（呼吸器系）：消化器の粘膜，組織を侵し，灼熱感，嘔吐，吐血，血便，急性胃カタル，失神を引き起こす．［強酸，強塩基，過酸化水素，クロム酸，銅塩，ホルマリン，フェノール］

症状（臓器系）：生活細胞を侵し，酸素供給，代謝作用を阻害して腎臓，肝臓などの器官に脂肪変質を引き起こし，慢性的な種々の疾患を起こす．［黄リン，Au，As，Sb，Pb，Ca，Ba，Se などの化合物］

c. 事故防止のために

化学物質は呼吸，経口，皮膚吸収により人体に取り込まれる．有害物質を扱うときには以下の点に注意する．

① ドラフトで実験を行う．
② 保護メガネを実験中は常に着用する．
③ 保護手袋を使用する（種々の手袋が市販されているので，用途に合わせて選ぶ）．

3.3 環境汚染物質

環境汚染とは，人間の生産および生活活動によって生じる大気汚染，水質汚濁，土壌汚染のほか，酸性雨，オゾン層破壊，地球温暖化あるいは生態系の破壊など幅広い環境の劣悪化のことである．当然，その対象物質は相当な数になるが，法律で規制されている物質は主として人への健康を保護し，人の生活環境を保全するための環境基準に基づいて定められている．温暖化ガスの二酸化炭素やメタンなどは環境汚染物質の対象外であり，生態系を破壊させる物質などもあまり考慮されていない．ここで取り上げる環境汚染物質は，人への健康に被害を生じさせる物質であり，その中でも大気汚染，水質汚濁および土壌汚染を引き起こす物質とする．これら環境汚染の該当物質の多くは重複し，さらに消防法の危険物，毒物・劇物あるいは PRTR 法の対象物質とも重複している．

a. 大気汚染物質

大気汚染の防止を図るために，大気汚染防止法で工場や事業場などの固定発生源から排出または飛散する物質の種類ごとに大気汚染物質が定められている．大気汚染物質としては，煤煙，粉塵，自動車排出ガス，特定物質および有害大気汚染物質などがある．ここで「煤煙」とは，硫黄酸化物，煤塵（つまり煤のこと）および有害物質（窒素酸化物，カドミウム，鉛，フッ化水素，塩化水素など）である．また「粉塵」には，「一般粉塵」のセメント粉，石炭粉，鉄粉などと，人の健康に被害が生じる恐れのある「**特定粉塵**」の石綿がある．大学などの研究室で化学薬品を取り扱う上で特に注意すべ

3.3 環境汚染物質

表 3.9 特定物質

1. アンモニア，2. フッ化水素，3. シアン化水素，4. 一酸化炭素，5. ホルムアルデヒド，6. メタノール，7. 硫化水素，8. リン化水素，9. 塩化水素，10. 二酸化窒素，11. アクロレイン，12. 二酸化硫黄，13. 塩素，14. 二硫化炭素，15. ベンゼン，16. ピリジン，17. フェノール，18. 硫酸，19. フッ化ケイ素，20. ホスゲン，21. 二酸化セレン，22. クロルスルホン酸，23. 黄リン，24. 三塩化リン，25. 臭素，26. ニッケルカルボニル，27. 五塩化リン，28. メルカプタン

表 3.10 優先取組み物質

1. アクリロニトリル，2. アセトアルデヒド，3. 塩化ビニルモノマー，4. 塩化メチル，5. クロムおよび三価クロム化合物，6. 六価クロム化合物，7. クロロホルム，8. 酸化エチレン，9. 1,2-ジクロロエタン，10. 塩化メチレン，11. 水銀およびその化合物，12. ダイオキシン類，13. テトラクロロエチレン，14. トリクロロエチレン，15. トルエン，16. ニッケル化合物，17. ヒ素およびその化合物，18. 1,3-ブタジエン，19. 2-ブロモプロパン，20. ベリリウムおよびその化合物，21. ベンゼン，22. ベンゾトリクロライド，23. ベンゾ[a]ピレン，24. ホルムアルデヒド，25. マンガンおよびその化合物

き大気汚染物質としては，以下の「特定物質」，「揮発性有機化合物」および「有害大気汚染物質」がある．

(1) 特定物質

特定物質とは，物の合成や分解その他の化学的処理に伴い発生する物質のうち，健康または生活環境に被害をもたらす恐れのある物質のことで 28 種類（**表 3.9**）が定められている．

(2) 揮発性有機化合物

浮遊粒子状物質や光化学オキシダントによる大気汚染の状況は深刻であり，浮遊粒子状物質による人の健康への影響が懸念され，光化学オキシダントによる健康被害が数多く報告されており，これに対処することが必要である．浮遊粒子状物質および光化学オキシダントの原因には様々なものがあるが，揮発性有機化合物（VOC：volatile organic compounds）もその 1 つである．ここで揮発性有機化合物とは，常温常圧で容易に揮発する有機化合物の総称である．化学系の研究室で対象となる主な揮発性有機化合物としては，トルエン，キシレン，エタノール，酢酸エチル，メタノール，ジクロロメタン，1,2-ジクロロエタン，イソプロピルアルコール，アセトン，n-ヘキサン，テトラヒドロフラン，シクロヘキサン，クロロホルム，1,4-ジオキサン，アセトニトリル，フェノール，スチレン，ホルムアルデヒド，ベンゼンなどがある．

(3) 有害大気汚染物質

低濃度であっても長期的な摂取により健康に影響が生ずる恐れのある物質のことをいい，今すぐに健康を脅かすものではないが，将来にわたって人の健康に関わる被害を未然に防止するために定められた物質である．有害大気汚染物質の特徴としては，①234 種類と数が多く，性状が多様，②製造，使用，貯蔵あるいは廃棄などのいろいろな過程から排出されるため，発生源や排出形態が多様，③低濃度ではあっても長期間の曝露により発ガン性などの健康への影響が懸念されることなどがある．

有害大気汚染物質 234 種類のうち，特に優先的に対策に取り組むべき物質（優先取組み物質）として**表 3.10** に示す 25 種類がリストアップされている．

さらに，十分な科学的見地は整っていないが，未然防止の観点から有害大気汚染物質の中でも早急に排出抑制を行うべき物質としてベンゼン，トリクロロエチレンおよびテトラクロロエチレンを指定

物質とし，それぞれの排出抑制基準が決められている．その基準量は，1年間の平均値としてベンゼンでは 0.003 mg/m^3 以下，トリクロロエチレンでは 0.2 mg/m^3 以下，テトラクロロエチレンでは 0.2 mg/m^3 以下である．

b. 土壌汚染物質

土壌汚染の対象となるのは，それに起因して人の健康に関わる被害を生じる恐れがある物質で，
① 有害物質が含まれる汚染土壌を直接摂取することによる人の健康へのリスク（直接摂取によるリスク）
② 有害物質が含まれる汚染土壌からの有害物質の溶出に起因する汚染地下水などの摂取による人の健康へのリスク（地下水などの摂取によるリスク）

の2つのリスクから選ばれている．土壌汚染対策法の対象物質は「特定有害物質」と呼ばれ，第一種特定有害物質（揮発性有機化合物），第二種特定有害物質（重金属など）および第三種特定有害物質（農薬，PCB）に分類される．

特定有害物質の基準量は，表3.11 に示すように直接摂取によるリスクに関わる基準である「土壌含有量基準」と，地下水などの摂取によるリスクに関わる基準である「土壌溶出量基準」とが定められている．土壌含有量は土壌1kg 当たりの特定有害物質の量（mg），土壌溶出量は採取した土壌（1g 当たり）に水溶液（1L）を加えた場合に溶出してくる特定有害物質の量（mg）で表される．ここで，土壌溶出量で用いる水溶液の組成は対象物質で異なり，例えばカドミウム，水銀，セレン，鉛などは 1 mol/L の塩酸を使用する．

表 3.11 主な特定有害物質の基準値

種　類	土壌溶出量基準値(mg/L)	土壌含有量基準値(mg/kg)
四塩化炭素	0.002 以下	—
1,2-ジクロロエタン	0.004 以下	—
1,1-ジクロロエチレン	0.02 以下	—
ジクロロメタン	0.02 以下	—
テトラクロロエチレン	0.01 以下	—
1,1,1-トリクロロエタン	1 以下	—
1,1,2-トリクロロエタン	0.006 以下	—
ベンゼン	0.01 以下	—
カドミウムおよびその化合物	0.01 以下	150 以下
六価クロム化合物	0.05 以下	250 以下
シアン化合物	不検出	50 以下（遊離シアン）
水銀およびその化合物	水銀が 0.0005 以下，かつアルキル水銀不検出	15 以下
セレンおよびその化合物	0.01 以下	150 以下
鉛およびその化合物	0.01 以下	150 以下
ヒ素およびその化合物	0.01 以下	150 以下
フッ素およびその化合物	0.8 以下	4000 以下
ホウ素およびその化合物	1 以下	4000 以下
マジン 農薬（除草剤）	0.003 以下	—
ポリ塩化ビフェニル（PCB）	不検出	—
有機リン化合物	不検出	—

表 3.12 水質の環境基準および排出基準

項　目	環境基準値(mg/L)	排出基準値(mg/L)
カドミウム	0.01 以下	0.1 以下
全シアン	不検出	1 以下
鉛	0.01 以下	0.1 以下
六価クロム	0.05 以下	0.5 以下
ヒ素	0.01 以下	0.1 以下
総水銀	0.0005 以下	0.005 以下
アルキル水銀	不検出	不検出
PCB	不検出	0.003 以下
ジクロロメタン	0.02 以下	0.2 以下
四塩化炭素	0.002 以下	0.02 以下
1,2-ジクロロエタン	0.004 以下	0.04 以下
1,1-ジクロロエチレン	0.1 以下	0.2 以下
シス-1,2-ジクロロエチレン	0.04 以下	0.4 以下
1,1,1-トリクロロエタン	1 以下	3 以下
1,1,2-トリクロロエタン	0.006 以下	0.06 以下
トリクロロエチレン	0.03 以下	0.3 以下
テトラクロロエチレン	0.01 以下	0.1 以下
1,3-ジクロロプロペン	0.002 以下	0.02 以下
チウラム	0.006 以下	0.06 以下
シマジン	0.003 以下	0.03 以下
チオベンカルブ	0.02 以下	0.2 以下
ベンゼン	0.01 以下	0.1 以下
セレン	0.01 以下	0.1 以下
硝酸性窒素および亜硝酸性窒素	10 以下	100 以下
フッ素	0.8 以下	8 以下
ホウ素	1 以下	10 以下
1,4-ジオキサン	0.05 以下	―

c. 水質汚濁物質

人の健康を保護し，かつ生活環境を保全する上で維持することが望ましい公共用水域の水質基準（「環境基準」）が表3.12のように定められている．ここで「公共用水域」とは，河川，湖沼，港湾，沿岸海域などである．また，公共用水域および地下水の水質の汚濁を防止するために，法律で工場および事業場から公共用水域に排出する水の排出（「排出基準」：表3.12）および地下に浸透する水について規制されている．ここで環境基準値は，土壌汚染物質の土壌溶出量基準とほぼ同濃度であり，さらに排出基準値は環境基準値の約10倍の濃度まで排出が認められている．

排出基準としては，人の健康の保護に関する基準「健康項目」のほかに，生活環境の保全に関する基準「生活環境項目」についても定められている．「健康項目」は全国一律の基準であるが，「生活環境項目」については河川，海洋などの各公共用水域について水道，水産，工業用水などの利用目的に応じていくつかの基準値が定められている．「生活環境項目」としては水素イオン濃度（pH），生物化学的酸素要求量（BOD），化学的酸素要求量（COD），浮遊物質量，ノルマルヘキサン，フェノール類，銅，亜鉛，溶解性鉄，溶解性マンガン，クロム，大腸菌群数，窒素およびリンが対象となっている．

さらに，環境基準を設けられていないもので，人の健康の保護に関連する物質ではあるが，公共用水域などにおける検出状況などから見て，直ちに環境基準とはせず，引き続き知見の集積に努めるべき物質として「要監視項目」もある．例えばクロロホルム（0.06 mg/L 以下），トルエン（0.6 mg/L

以下），キシレン（0.4 mg/L 以下），塩化ビニルモノマー（0.002 mg/L 以下），モリブデン（0.07 mg/L 以下）およびマンガン（0.2 mg/L 以下）など現在公共用水域で 26 項目，地下水で 24 項目が指定されている．

3.4 化学物質の生体への影響

　私たちの生活を見渡してみると非常に多くの化学製品（化学物質）に囲まれている．例えば衣類，食物，医薬品など生活に直接に関わっている製品や，パソコンをはじめとする電化製品，自動車，住宅など生活をより快適にしていくための製品などがある．これらの化学製品（化学物質）なくしては，私たちの生活はもはや維持していくことが非常に困難であるのが現状である．

　しかし，生活をより便利にするこれらの化学物質の中には，長期間の接触あるいは曝露により人体に悪影響を及ぼす化学製品（化学物質）が数多く含まれている．例えばタバコの煙に含まれるタールやニコチン，建築資材として使用される塗料や接着剤に含まれるホルムアルデヒド，あるいは殺虫剤や防虫剤に含まれる有機リン系化合物などが挙げられる．これらの化学物質は，一般に五感に感じない形態で私たちの周りに分散，浮遊しており，知らず知らずのうちに摂取することで，生体機能に障害を起こし健康を害している場合がある．

　ここでは「有害化学物質（ダイオキシン，ホルムアルデヒド，石綿）」や「環境ホルモン」を中心に取り上げ，これらの化学物質がヒトをはじめとする生体にどのような影響を与えるかを概説する．

a. 有害化学物質

　表 3.13 に代表的な有害化学物質の例を示す．

(1) ダイオキシン類

　ポリ塩化ジベンゾ-パラ-ジオキシン（PCDD）とポリ塩化ジベンゾフラン（PCDF）の総称であり，強力な毒性を持つ化学物質（有機化合物）の 1 つである．意図的に合成されることはなく，ゴミ焼却場の焼却炉の中などで副生する．塩素が置換した 2 つのベンゼン環を 2 つあるいは 1 つの酸素を介して橋かけした特殊な構造を持つ．常温で固体であり，蒸発しにくく，水にはほとんど溶けない．酸やアルカリなどにも反応せず，一般には分解することが困難な化学物質である．ダイオキシン類は，生体に対する発ガン性や催奇性が強く疑われている．例えばダイオキシン（PCB の加熱により発生）を含んだ食用油の摂取により色素沈着した新生児が生まれた事例や，農薬工場の爆発によりダイオキシンが飛散し奇形出産率やガン発生率の増加した現象がイタリアで報告されている．

(2) ホルムアルデヒド

　刺激臭を持つ無色の可燃性個体で，粘膜に対し強い刺激性を持つ毒性有機化学物質の 1 つである．メタノールを金属触媒存在下，空気を酸化することで合成できる．建物の新築，改修，改築などで使用される建材，接着剤，塗料に含まれているが，常温常圧で空気中に発生し，低濃度などでも目や喉の痛みを引き起こす．シックハウス症候群の発症原因の 1 つに挙げられている．またホルムアルデヒドは，ヒトに対する発ガン性が知られている．

(3) 石綿（アスベスト）

　ケイ酸を主成分とする繊維状天然鉱物の 1 つである．代表的な蛇紋石系クリソタイル（白石綿）や角閃石系クロシドライト（青石綿）は耐久性に優れ分解することがほとんどないため，建物の耐熱材，

3.4 化学物質の生体への影響

表 3.13 代表的な有害化学物質の例

化学物質名	構造式（組成式）	生体への影響[a]
ダイオキシン類 （PCDD類, PCDF類）	（PCDD）　（PCDF）	発ガン性, 催奇性
ホルムアルデヒド	H-CHO	発ガン性, 皮膚粘膜に影響
石綿（アスベスト）	$Mg_6Si_4O_{10}(OH)_8$ 白石綿（2004年使用禁止） $Na_2(Fe(II)_3Fe(III)_2)Si_8O_{22}(OH)_2$ 青石綿（1995年使用禁止）	発ガン性

[a] 国際化学物質安全カード参照.

絶縁材，補強材，電気絶縁材などで幅広く使用されてきた．しかし，これらの直径 1 μm 以下の繊維を長期間（数十年の期間）にわたり吸引し続けると，体内，特に肺に蓄積され，中皮腫や肺線維症あるいは肺ガンを発症させる原因の1つになっている．中でも青石綿の毒性が最も強いといわれている．現在では，国内をはじめ世界的に製造および使用が削減されているが，アスベストを使用した建物を解体するときの飛散が社会問題になっている．

b. 環境ホルモン（環境ホルモン疑似物質）

私たちの身体の器官は，体内に絶えずホルモンを分泌し生体機能を維持・調節する作業を常に行っている．また，医薬品などの合成ホルモンや食物に含まれる植物ホルモンなどを絶えず摂取している．知らない間に摂取しているホルモンが，一般に環境ホルモンと呼ばれる．環境ホルモンとは，世界保

表 3.14 環境ホルモン疑似物質の疑いがある化学物質の例

化学物質名	用途	生体への影響[a]
ポリ塩化ビフェニル（PCB），ポリ臭化ビフェニル（PBB）	絶縁剤 難燃剤	発ガン性, 生殖障害, 皮膚疾患
フタル酸ジ-n-ブチル, フタル酸ブチルベンジル, アジピン酸ジ-2-エチルヘキシル	プラスチック用可塑剤	生殖機能に影響
ビスフェノールA, スチレンダイマー（同トリマー）	樹脂原料	生殖機能に影響
アルキルフェノール	界面活性剤, 洗剤	生殖障害
ベンゾフェノン, 4-ニトロトルエン, 2,4-ジクロロフェノール	医薬中間体, 染料中間体	中枢神経に影響
2,4,5-トリクロロフェノキシ酢酸, ペンタクロロフェノール（PCP）	除草剤	発ガン性, 生殖障害
パラチオン, マラチオン	有機リン系農薬	中枢神経障害, 皮膚疾患
ジクロロジフェニルトリクロロエタン（DDT），エンドスルファン, ケルセン	有機塩素系農薬	発ガン性, 中枢神経障害, 生殖障害, 皮膚炎
トリブチルスズ（有機スズ）	船底用防汚剤	発ガン性, 内臓障害
ダイオキシン類	環境汚染物質	発ガン性, 催奇性
ベンゾ［a］ピレン	石油含有物質	発ガン性, 生殖異常
カドミウム（Cd），水銀（Hg）鉛（Pb）	電極, めっき材, 顔料	発ガン性, 内臓障害, 中枢神経障害, 生殖障害

[a] 国際化学物質安全カード参照.

健機構・国際化学物質安全計画によると正式には「外因性内分泌攪乱物質」と呼ばれ，「内分泌系の機能を変化させることにより，健全な生物個体やその子孫，あるいは集団（またはその一部）の健康に有害な影響を及ぼす外因性化学物質または混合物」と定義されている．これらの外因性の化学物質は，生体内で分泌されるホルモンと同等の働きをすることから，環境ホルモン疑似物質と呼ばれ，これらの化学物質が長期間にわたり体内に蓄積されると生体ホルモンと相反する作用を及ぼし，生体に悪影響を与える恐れがある．環境ホルモン疑似物質の疑いがある化学物質の例を表 3.14 に示す．

例えば，湖に流れ込んだ化学物質によりワニのオスの生殖器が小さくなる現象や，川の魚に雌雄同体が多く発生する現象のほか，日本でも巻貝の一種であるイボニシのメスにオスの生殖器が発生するなど生体への影響がいくつか報告されている．これらの現象は，環境モルモン蓄積による生体への影響を示唆する．

ヒトに対する環境ホルモンの中長期的曝露による影響を明らかにした研究は，ダイオキシンなど一部の短期的大量曝露を除きほとんどなされていない．しかし一部の研究報告においては，環境ホルモンが男性の精子数の減少や，男性の精巣ガンや女性の乳ガンの発生率上昇に影響するといわれている．

3.5 危険性の予測と評価

a. 危険物とは

危険物とは「そのものが危険であるか，容易に危険が現れる物質」のことであるが，その危険の現れ方も，①物理化学的危険性，②環境危険性，③健康有害性と様々である．国連による危険物輸送勧告の分類を表 3.15 に示す（ここにいう危険物は消防法にいう危険物とは異なるため，「危険性物質」ということもある）．この表に基づくと危険物は 9 種類に分類されている．日本国内では大ざっぱにクラス 1 が火薬類取締法，クラス 2 が高圧ガス保管法，クラス 3〜5 が消防法や労働安全衛生法によって，クラス 6 が毒物及び劇物取締法（毒劇法）など様々な法律によってそれぞれ危険物が定義され，規制されている．国連による危険物分類と国内法の整合性はほとんどなく，化学物質によっては分類が異なる場合があるので注意が必要である．

b. 化学物質の危険有害性の評価

化学物質の物理的危険性評価は，化学物質を取り扱う際に生ずる事故などにより発生する人や構造物などに対する被害の大きさ（影響度評価あるいは強度）と，発生する確率（頻度）の両面から評価される．一般的なリスク管理では，発生頻度が低いほど安全であるとされる．しかし，化学物質の物

表 3.15 国連危険物輸送勧告による分類

クラス	内　容
1	爆発性物質
2	ガス
3	引火性液体
4	可燃性固体 (4.1)，自然発火性物質 (4.2)，水反応性（禁水性）物質 (4.3)
5	酸化性物質 (5.1)，有機過酸化物 (5.2)
6	毒物 (6.1)，感染性病原体 (6.2)
7	放射性物質
8	腐食性物質
9	有害危険性物質（ほかに分類できない物質）

理的危険性や爆発の危険性などもあり，設備ならびに人のきわめて広い範囲に被害が及ぶ．健康有害性についても同様である．そのため事故が起これば影響度が高い化学物質では，わずかな発生頻度でもリスクが高いと評価される．また，使用する化学物質の危険有害性について評価を行うことはもちろんであるが，どのような操作（反応，蒸留，乾燥，貯蔵，輸送など）を行うかによっても発生確率は変化する．したがって操作に関するリスク評価も検討する必要がある．

工場などの大規模事業所と異なり大学や研究所の研究室で使用される試薬は少量ではあるが多品種にわたる．さらに，研究の進捗に伴い使用する薬品類が変わることもあり，使用する薬品の潜在的危険有害性に対する意識が低くなりがちである．危険有害性を評価する際には，使用する試薬（化学物質）の性質について調べることはもちろんであるが，発火・爆発など発生原因が数多く存在することも考慮する必要がある．研究室のような環境下での潜在エネルギー危険要因とその感度の把握も必要となる．また，使用法のみならず，貯蔵法や廃棄法まで含めて，潜在危険性を十分知った上で安全に取り扱うことが大切である．

c. 化学物質の危険有害性の調査法

危険有害性が予想される物質を取り扱う場合にあらかじめ調べておくべき項目としては，その発火・爆発危険性，燃焼危険性（発火点，引火点，爆発範囲），有害性（許容量，致死量）などがある．これらの危険有害性は，2003年7月に国連から勧告の出た「化学品の分類及び表示に関する世界調和システム（GHS）」の世界的に統一されたルールに従い，化学品の危険有害性がその種類と程度により分類されている．これは，各国の分類基準・ラベル・安全データシートなどの内容を調和させた（そろえた）ものである．GHSの目的には化学物質の危険有害性を使用者，運搬者，危機対応者などにわかりやすく伝えることも含まれており，GHSに従った製品には，①化学品に関する情報（化学物質名，製品名など），②シンボル（危険・有害性の種類），③注意喚起語（危険・有害性の程度），④危険有害性情報（製品の危険有害性の性質の説明），⑤注意書き（誤った取扱いによる被害の防止措置，応急処置，廃棄方法など）が容器ラベルに記載される．シンボルに関しては巻末付録2に示す9種類が，注意喚起語としては「危険」と「警告」が決められている．危険有害性のレベルに応じてこれらを組み合わせた表示がなされ，シンボルを囲む枠や背景の色についても，危険性や有害性のランクにより異なったものを使うよう規定されている．日本で流通している試薬レベルの化学物質はGHSに沿った情報が記載されている場合が多いので，まずは化学物質の入っている容器のラベルを読むことで，ある程度の情報は得られる．

ラベルに表示されている内容のより詳細な情報は，安全データシート（SDS）に記載されている．安全データシートは日本では化学物質安全性データシート（製品安全データシート），あるいはMSDSと呼ばれている．ヨーロッパではSDS（安全データシート），中国ではCSDS（化学品安全説明書）と称されているが，いずれも同様のものである．

表3.16 にGHS対応のMSDSの記載概要を示す．MSDSは日本工業規格（JIS Z 7250）で標準化されていたが，2006年からはGHSに対応するようにシンボルや注意喚起語の記載が求められるようになった．使用する化学物質のMSDSが入手できれば，その物質の危険有害性についてかなりの情報を入手できることがわかる．MSDSは，毒物及び劇物取締法で指定されている毒物や劇物，労働安全衛生法で指定された通知対象物，化学物質排出把握管理促進法（PRTR法）の指定化学物質を

第3章　化学薬品の取り扱い方

表3.16　MSDS（GHS対応）の記載内容

1	化学物質等及び会社情報	化学物質名，会社所在地，連絡先など
2	危険有害性の要約	GHS分類，ラベル要素，安全対策，保管，廃棄など
3	組成，成分情報	化学名又は一般名，別名，化学式，化学特性，CAS番号，化審法・安衛法など
4	応急措置	吸入，皮膚に付着，目に入ったなどの際に予想される急性症状及び遅発性症状など
5	火災時の措置	消火剤，使ってはならない消火剤，特有の危険有害性，特有の消火方法など
6	漏出時の措置	人体に対する注意事項，保護具及び緊急時措置など
7	取扱い及び保管上の注意	取扱い（技術的対策，排気など），保管（技術的対策，保管条件など）
8	暴露防止及び人に対する保護措置	管理濃度，許容濃度，設備対策など
9	物理的及び化学的性質	物理的状態，形状，色など，臭い，pH，融点・凝固点，沸点，初留点及び沸騰範囲，引火点，爆発範囲，蒸気圧，蒸気密度など
10	安定性及び反応性	安定性，危険有害反応可能性，混触危険物質など
11	有害性情報	急性毒性など
12	環境影響情報	生態毒性，残留性，分解性など
13	廃棄上の注意	残余廃棄物，汚染容器及び包装など
14	輸送上の注意	国際規制（海上や航空規制情報），国内規制（陸上や海上，航空規制情報）
15	適用法令	労働安全衛生法など
16	その他の情報	MSDSの作成と改訂に関する情報，参考文献，災害事例など

指定の割合以上含有する製品を事業者間で譲渡・提供するときに提供が義務づけられており，該当する物質には必ずMSDSが用意されている．化学物質のMSDSは，その製造会社に問い合わせれば入手できる．またインターネットの発達した今日では，試薬会社のオンラインカタログを含め様々な機関のMSDSを閲覧できる．巻末付録4（a）に主なMSDSのウェブサイトを，巻末付録5にその実例を示す．なお，MSDSは更新されることがあるので，常に最新のMSDSを手元に置くようにする．

　全世界でこれまでに発見，合成された化学物質は5000万種以上になり，日本国内で流通している化学物質に限ってもその数は6万種程度といわれている．このうちMSDSが整備されている物質は2000種程度にすぎない．ある化学物質のMSDSがない場合には，安全であるためにMSDSがないのではなく，研究・試験がなされていないためと考えたほうがよい．MSDSに「知見なし」とか「情報を有していない」と記載されている場合も同様である．また巻末付録4（b）に示すようにMSDS以外にも化学薬品に関するデータを提供しているウェブサイトがあり，『化学便覧』や『化学大辞典』，Merck Indexなどの文献からも化学物質のデータを入手できる．複数の情報を入手し，化学物質の物性について事前に検討することが重要である．

　MSDSなどから入手できる危険有害性は最も基本的な情報である．特に危険性（物理化学的危険性）は，物質固有の性質のみでなく，その状態によっても変化するので注意が必要である．例えば引火点とは，可燃性液体について，空気中で点火したときに燃え出すのに十分な蒸気が液面上に発生する最低の温度である．別の言い方をすれば，液面付近の蒸気濃度がちょうどその蒸気の燃焼範囲（爆発範囲）の下限値に達したときの液温であり，引火点以上の温度においては点火源となるもの（火や静電気の火花など）があれば容易に燃焼あるいは爆発が生じることになる．引火点以下の温度においても可燃性液体がミストや泡の状態で存在していれば，燃焼（爆発）することがある．

d. 化学物質の混合危険性

　個々に存在しているときは危険性がないと考えられる化学物質でも，それらを混合・接触させることにより，発熱，発火，爆発，可燃性ガスの発生，有害な化合物の生成などが起こることがある．これを混合危険性（または混触危険性）と呼ぶ．混合危険性は，酸化剤と還元剤の組合せによるものがほとんどであるが，組合せの種類がきわめて多く危険性の現れ方も様々である．さらには，物質の組合せだけでなく，混合割合，混合手順などの操作条件によっても危険性が変化する．混合危険性は個々の化学物質ごとに調べる必要がある．このような混合危険を調べる参考書としては『ブレスリック危険物ハンドブック 第5版』や『化学薬品の混触危険ハンドブック 第2版』などがある．

　代表的な酸化性物質としてはフッ素，オゾン，過酸化水素，次亜塩素酸，過塩素酸金属塩，酸化鉛，過マンガン酸金属塩，二クロム酸金属塩，硝酸，塩素，硫酸，酸素，金属ヨウ化物，臭素，ヨウ素，硫黄などがある．これに対する還元性物質は，すべての可燃性物質（燃料，繊維，樹脂，金属材料など）が該当する．還元性物質の中でもヒドラジンは過酸化水素や硝酸などの酸化剤と接触した瞬間に爆発するので取扱いには注意が必要である．このような性質は，ハイパーゴリック性と呼ばれている．

　混合危険の例を巻末付録6に示す．これらは主に爆発性に関連するものである．四塩化炭素などのハロゲン系有機溶媒とアルカリ金属やアミン，塩基性化合物を混合すると爆発的に反応する可能性がある．また，アセトンと過酸化水素からは過酸化アセトン（爆発性）を生成する可能性があるので，濃縮や加熱を行うのは危険である．巻末付録6には記載してないがエタノール，硝酸銀，硝酸からは雷酸銀（Ag-O-N=C，爆発性物質）を生成することがある．有害性の気体が発生する例としては，次亜塩素酸やシアン化合物と酸の混合による塩素やシアン化水素（青酸ガス）の発生，アセトンと臭素から催涙性を有するブロモアセトンの生成などが挙げられる．

　混合危険性は薬品と薬品を混合する条件でも変化する．例えばエーテル系溶媒（エーテル，DME，ジオキサン，THFなど）と強酸（濃硫酸，$TiCl_4$ など）を混合すると激しく発熱する．大型のフラスコなど大きなスケールで操作を行うと除熱がうまくいかず噴きこぼれる可能性がある．一般に発熱量（発熱速度）は体積に比例し，除熱量（除熱速度）は容器の表面積に比例するためである．容器を大きくすればするほど熱を逃がすことが難しくなる．特に急激に発熱反応が進むような場合には注意が必要である．また，過塩素酸を濃硫酸と過塩素酸カリウムから合成して減圧蒸留する際に，ガラス製蒸留装置の摺合せ部分に使ったグリースが過塩素酸と反応して爆発を起こした例もある．使用する器具なども含め十分に検討する必要がある．

3.6　薬品の管理方法

　大学における化学薬品の安全管理で法律の規制を受ける主な化学物質は「毒物及び劇物取締法」の毒劇物，「消防法」の危険物，「労働安全衛生法」の特定化学物質と有機溶剤，「化管法（PRTR法）」の対称物質である．理工学系および医歯薬系の大学におけるこれらの化学薬品の管理は，2004年4月の国立大学の独立法人化を境に大きく変わってきた．独立法人化により，化学薬品の企業レベルの管理が要求されるようになったためである．このような状況下，大学は学内に存在する毒劇物・危険物・PRTR対称物質などをすべて把握し，それが適切に管理されていることをいつでも外部に対して証明できなければならない．適切に管理していない研究室があれば，"事業所"として「是正勧告」，「操業停止処分」を受ける可能性がある．

第 3 章　化学薬品の取り扱い方

a. ずさんだった大学の薬品管理体制

　これまで国立大学教職員は文部科学省管轄の国家公務員であったため，大学で使われる化学薬品に関しては一般企業とは異なる管理体制がとられていた．私立大学でも国立大学に準じた取扱いがなされていた．安全管理に慎重で厳密な企業に対し，大学における化学薬品の管理は残念ながらずさんであったといわざるをえない．その理由を以下に示す．

① 化学薬品の管理がそれぞれの研究室（の中の個人）の自主性に委ねられていたので，研究室間で大きな格差があった．万が一事故があった場合に，どのような薬品が保管されていたかがほかの研究室にはいっさいわからない．

② 学生が入れ替わるたびに研究テーマが更新され，使わなくなった試薬が放置される．さらに，試薬の保管状況に詳しい学生やスタッフが入れ替わると保管状況が不明になる．

③ 化学の専門家である教員が管理しているので安全であるという錯覚があった．実際には教職員が化学薬品に関する各種法規を熟知しているとは限らない．

④ 研究予算が十分ではないため，コスト的に有利な大瓶を購入し，明確な使用予定がない試薬が蓄積していく．

⑤ 研究室のスペースが限られており，安全な保管スペースが確保できない．

　理工学系および医歯薬系の大学は危険な化学薬品を多く保有しているため，ずさんな管理をしていると火災や爆発事故が起こりうるし，実際に起こっている．化学薬品の安全管理が徹底して行われないような状況では地域住民の理解は得られず，大学は地域住民と共存できなくなる．

　その一方で，近年の大学では大幅な人員削減が行われており，様々な業務に追われる教職員が化学薬品管理に割く時間はますます減ってきている．したがって，毒劇物，危険物，PRTR 管理物質を研究室単位の記録簿で管理し集計する従来のやり方ではもはや対応できない．

b. まずは試薬の整理が必要

　多くの大学では研究スペースが足りない．そのため試薬の保管スペースがないということはよく聞くし，おおむね事実である．今後，国を挙げての改革が行われ，すぐに研究室のスペース拡大が行われるとは考えにくい．したがって，保管試薬の重複がないか，不要な試薬はないかなどを確認して化学薬品をできるだけ整理してスペースを確保するしかない．

　不要な試薬が保管されやすい場所は，試薬棚，冷蔵庫，実験台の引出しである．ここに保管されている試薬の多くは，すぐには使わないがいつか使うかもしれないと思って保管されているものが大部分ではないだろうか．頻繁に使う試薬は実験者の手元に置いてあるか，試薬棚や冷蔵庫の取り出しやすい手前に置いてあることが多い．大学は学生の入れ替わりが激しいので，試薬棚や冷蔵庫の奥にどのような化学薬品を保管してあったか，いつの間にかわからなくなってしまう．同時に，学生が新しくなるたびに研究テーマが更新され必要な試薬が新たに購入されるため，学生が替わるごとに保管試薬は増えていき，しだいに収納スペースはなくなっていく．特に前任者の研究室を引き継いだ場合には，思わぬ薬品が数多くストックされていることが多い．よって，使用頻度の低い試薬は可能な限り処分し，化学薬品の保有量を減らして収納スペースを確保することが必要である．これが，実験室を膨大な数の危険物保管庫にしないための方法論であり，実験者の安全確保にもつながる．

c．薬品の一元集中管理

　大学には事業管理者として，無駄な薬品のストックをなくし，学生が入れ替わっても薬品の保管状況を把握しておくことが求められている．そのためには各研究室で，どのような化学薬品がいつ購入され，どこに保管され，いつ廃棄されたかを把握し，化学薬品の種類，量，保管場所をデータベース化し，一元的に集中管理する以外に方法がない．この考えに基づき，多くの大学が学内ネットワークを用いた化学薬品の管理システムを導入することになった．化学薬品管理システムにはいろいろなものが市販されているが，その機能はほぼ共通している．

　化学薬品管理システムは，薬品の種類，量，出入りなどをデータベース化できるウェブ利用のデータベースシステムである．データの有効利用により，研究室での在庫管理，安全管理，関連法規に容易に対応できる．購入した薬品をボトル単位で登録し，それぞれに管理用バーコードをつけ，各研究室での薬品の購入状況や使用状況（いつ，誰が，どこにある，何を，どれだけ使ったか）を記録できるようになっている．そして，これらの記録をもとに以下のような種々の集計作業が行える．①薬品の履歴リストの作成，②在庫リストの作成，③消防法指定数量計算，④購入量・使用量計算（毒劇法・PRTR），⑤集計結果のCSVファイル化．

d．化学薬品管理システムの有効活用

　薬品の入庫登録，出庫登録，持出し登録，返却登録，空き瓶処理を適切に行うことで，化学薬品管理システムに薬品の情報が蓄積される．この情報を薬品の管理に役立つ以下のような形態で取り出すことができる．

　① 危険物の量が消防法に違反していないかを確認する

　　消防法で指定された危険物は1区画に届け出なしで保管できる量が制限されている．薬品管理支援システムIASOを使うと，この量を簡単かつ確実に把握できる．

　② 毒劇法の毒物使用量を記録する

　　毒物は在庫量を定期的に点検し，使用量を記録することが義務づけられている．本システムを使うと，薬品を使用する際に重量を入力するだけで自動的に集計できる．

　③ 薬品の在庫量を確認する

　　簡単に在庫の確認ができるため，無駄な薬品購入を防ぐことができる．さらに，薬品履歴（購入日，開封日，使用者）を明らかにできるため，開封済みの薬品でも安心して使うことができる．

　④ PRTR制度対象物質の使用量を調べる

　　PRTR制度の対象となっている薬品については排出量，移動量を把握し報告する義務があるが，本システムを使用すれば簡単に集計できる．

　⑤ 危険物・毒物の保管場所を調べる

　　危険な薬品がどこに，どのくらい保管されているかを把握できる．

e．おわりに

　上述のように，このような薬品管理システムを活用にすることにより化学薬品の管理がきわめて容易にできる．しかしながら，本システムが有効に機能するためには，試薬類の納入，登録，バーコードの発行を一括して行い，使用後のボトルの廃棄（上記の「空き瓶処理」）や保管場所の移動・確認

などを実空間でだけでなく仮想空間でも確実に行うことが必要である．これらの作業を怠ると，便利な試薬管理システムが導入されても薬品管理は以前のようにずさんなままになってしまう．薬品管理においては実験者それぞれの自覚と行動力が最も重要である．

■文　献

大木道則，田中元治，大沢利昭，千原秀昭 編（1989）化学大辞典，東京化学同人．
田村昌三 訳（1998）ブレスリック危険物ハンドブック 第5版，丸善（Urben, P. G. Ed.（2007）Bretherick's Handbook of Reactive Chemical Hazards, Volumes 1-2（7th ed.）, Elsevier）．
東京消防庁 編，吉田忠雄・田村昌三 監修（1997）化学薬品の混触危険ハンドブック 第2版，日刊工業新聞社．
日本化学会 編（2004）化学便覧基礎編（改訂5版），丸善．
日本化学会 編（2003）化学便覧応用化学編（第6版），丸善．
Neil, O. ed.（2006）The Merck Index : an encyclopedia of chemicals, drugs, and biologicals,（14th ed.）, Merck.

4 生物科学実験を始める前に

4.1 生物試料の取扱い

a. 生物試料を用いた実験における基本的注意事項

　生物学，生化学，生理学，分子生物学，あるいは遺伝子工学などの研究分野においては必ずといってよいほど生体試料を用いなければならない．生体試料といっても種々の生物（動植物あるいはバクテリアやウイルスなど），種々の形態，その全部か一部かなどにより様々なものが研究対象として含まれている．一般に実験対象が生きている生物の場合は *in vivo* 実験と呼ばれ，生物の臓器・組織や培養細胞を用いた場合は *in vitro* 実験と呼ばれる．生物試料を用いた実験において起こりうる災害は「バイオハザード（biohazard）」と呼ばれている．感染力や病原性の強い微生物を用いる実験などでは，開始する前に起こりうるバイオハザードを想定しておき，あらかじめそれらに対する処置を講じておく必要がある．例えばインフルエンザウイルスなどを用いる実験を計画する場合には，まずそれが本当に必要な実験かどうかを客観的に判断しておかなければならない．そして施設や設備において十分に安全が確保されているかどうかを確認する．バイオハザードを防止するために実験施設やその設備面での規律や規範を明確にしてとり行うことはもちろんであるが，以下の点について，学生を含め実験従事者全員が日頃から心がけておくべきである．

① 実験室では飲食，喫煙，化粧などを控える．
② 実験室，実験台は常に整理・整頓し，実験装置や器具は清浄に保つ．
③ 実験室内では専用の白衣などを着用し，専用の履物に履き替える．
④ 保護メガネ（安全メガネ）や手袋を着用する．
⑤ 機械（自動）式ピペットを使用する．生物試料（抽出物などの液体）を扱う場合はディスポーザブルピペットを用いることが望ましい．
⑥ 廃棄物については廃棄前に滅菌する．また，実験器具も使用前後に消毒あるいは滅菌しておく．
⑦ 実験の前後で手洗いや消毒を励行する．
⑧ 実験施設で決められている事項を確認してから準備に取りかかる．
⑨ 緊急時連絡先がすぐにわかるようにしておく．

b. 消毒と滅菌

　遺伝子組換え生物に限らず，微生物を用いた実験を行う場合には，その前後において滅菌操作が必要である．これはコンタミネーション（混入）を防ぐという点からも安全を確保する点からも重要で

表 4.1　一般的な消毒剤の種類，成分と性質

消毒剤の種類	成分など	性質・用途など
アルコール系	70% エタノール 70% 2-プロパノール	蒸発しやすいので薬物残留はない． 火気に注意が必要．芽胞には効果なし． 抗菌スペクトルが広く，殺菌スピードが速い．
アルデヒド系	グルタルアルデヒド（2%）	あらゆる微生物に有効．抗ウイルス性あり． 殺菌力が強く耐性菌ができない．
	ホルマリン （35%ホルムアルデヒド）	安価である．毒性はグルタルアルデヒドより高い．
塩素系	次亜塩素酸（NaOCl） 塩素（Cl_2）	次亜塩素酸は漂白剤（ブリーチ）のこと． 抗菌スペクトルが広く，ウイルスに有効． 金属腐食性あり．人体皮膚には使用不可．
ヨウ素系	ヨードホール （有効ヨウ素　1%）	抗菌スペクトルが広く，ウイルスにも有効． 金属腐食性あり．皮膚に対する刺激は少ない．
フェノール系	フェノール（3〜5%）	抗菌スペクトルが広い．皮膚に対する刺激が強い．
	クレゾール石鹸（2〜3%）	抗菌スペクトルが広い．結核菌に有効．
第4級 アンモニウム塩	10%塩化ベンザルコニウム液 10%塩化ベンゼトニウム液	安価である．いわゆる逆性石鹸のこと． 金属や布に対する腐食性は低い． 皮膚に対する刺激は少ない． 一般の石鹸との混合で効果が減弱される．
グリシン系 両性界面活性剤	アルキルポリアミノエチルグリシン アルキルアミノジエチルグリシン	安価である．皮膚に対する刺激は少ない． 金属や布に対する腐食性は低い．

表 4.2　代表的な滅菌法の分類

滅菌法	分　類	原理と効果
加熱法	火炎滅菌	ガスバーナーの火炎による加熱．
	乾熱滅菌	常圧のもと 160〜180℃ で2時間処理する．
	高温蒸気滅菌	オートクレーブ（圧力釜）で121℃，2気圧の水蒸気圧で約20分処理する．
ろ過法	フィルター滅菌	孔径 0.22 μm のメンブレンフィルターでろ過する． 主にオートクレーブによる性質変化の起こる液体の滅菌処理． 培地や緩衝液などに適用する． マイコプラズマやウイルスには無効．
照射法	紫外線滅菌	260〜280 nm 紫外線を照射する．表面の滅菌に有効．
	γ線滅菌	コバルト60などの密封線源を用いてγ線を照射する． 表面だけでなく内部の滅菌も可能．
ガス法	エチレンオキシドガス滅菌	試料や器具などを低温で長時間エチレンオキシドガス処理する． タンパク質のアルキル化により微生物を死滅させる．

ある．感染性の高い病原微生物を取り扱う際には滅菌に細心の注意が必要である．

消毒とは微生物の数を減らすことであり，病原性を持つものを感染力価以下まで低減させることをいう．一方，**滅菌**はすべての微生物を死滅させ，無菌状態とすることを指している．

(1) 消毒技術とその応用

表 4.1 に示すとおり，種々の消毒剤があるので目的に応じた消毒剤を選択することが重要である．一般に消毒剤の濃度を上げると殺菌力も上がるが，皮膚に対する刺激など副作用も強くなるので適正使用濃度を確認しておく必要がある．作用温度や作用時間にも留意すべきである．消毒剤の混合については効果に変化の起こる場合があるので注意を要する．

(2) 滅菌法

滅菌法は大きく**加熱法，ろ過法，照射法，ガス法**の4つに分類される．目的とする微生物のみの純粋培養を行うために，使用するすべての器具・試薬は適切な方法で滅菌しなければならない．また，

実験終了後に微生物を含む溶液あるいは付着した可能性のある器具なども滅菌処理する必要がある．表 4.2 に代表的な滅菌法の分類を示す．

c. 倫理的な制約とバイオハザードについて
(1) ヒトや動物を対象とした研究について

人体ならびにヒト組織を対象とした研究，臨床研究，そしてヒト遺伝子に関する研究などの場合には倫理的な制約のあることを忘れてはならない．以上のような研究を行う場合には「ヘルシンキ宣言」，「臨床研究に関する倫理指針」，そして「ヒトゲノム・遺伝子解析研究に関する倫理指針」などに従う必要があり，所属機関の倫理委員会による審査を受け，承認を得なければならない．以上のような事項については，学術雑誌の論文投稿に関する規定（instructions to authors）などにも明記されており，所属機関の倫理委員会による審査結果の添付が義務づけられている場合もある．その他，このような倫理的問題に関わる研究に該当するものとして「ヒト ES 細胞を用いた研究」や「特定胚あるいはクローン生物（作製）実験」なども挙げられ，研究を計画する際にはそれぞれ関連する文科省ウェブサイトを参照することが必要である．これらの宣言，指針，取組みなどについては巻末付録 8 にウェブサイトの一覧を示す．

動物を対象とした実験においても，所属機関の動物実験安全管理委員会などの定める実験ガイドラインなどに従って実施することが求められている．日本実験動物学会でも 1987 年に「動物実験に関する指針」を策定しており，これに従って実験を行うことを基本としている．また，「動物愛護及び管理に関する法律」および「実験動物の飼養及び保管並びに苦痛の軽減に関する基準」を遵守するよう呼びかけている．

(2) 病原微生物実験におけるバイオハザード対策

病原微生物を取り扱う研究においては，感染や病原菌拡散を防止する措置をとることが必要である．感染症の予防に関しては「感染症の予防及び感染症患者に対する医療に関する法律」などに従い，所属機関により研究施設やテーマの審査がとり行われるべきである．病原性については危険性に応じて以下のようなレベルが設定されている（国立感染症研究所病原体等安全管理規定の分類による）．また，病原微生物実験レベルに応じて安全設備や施設が満たすべき基準がある．

レベル 1：ヒトまたは動物に重要な疾患を起こす可能性のないもの
　① 通常の実験室を使用する（特別の隔離の必要はない）．
　② 一般外来者の立入りを禁止する必要はない．

レベル 2：ヒトまたは動物に病原性を有するが，実験室その他の教員など，家畜などに対して重大な災害となる可能性が低いもの
　① 病原性微生物用の実験室を使用する．
　② エアロゾル発生の恐れのある実験は生物学的安全キャビネットの中で行う．
　③ 実験中は，一般外来者の立入りを禁止する．

レベル 3：ヒトに感染すると通常重篤な疾病を起こすが，1 つの個体からほかの個体への伝播の可能性は低いもの
　① 廊下への立入り制限および二重ドアまたはエアロックにより外部と隔離された病原性微生物実験室を使用する．

② 壁，床，天井，作業台などの表面は洗浄および消毒が可能なようにする．
③ 排気系を調節することにより，常に外部から実験室内に空気の流入が行われるようにする．
④ 実験室からの排気は高性能フィルタで除菌してから大気中に放出する．
⑤ 実験は生物学的安全キャビネットの中で行う．ただし動物実験は生物学的安全キャビネットまたは陰圧アイソレータの中で行う．
⑥ 作業者名簿に記載された入室承認者以外の立入りは禁止する．

レベル4：ヒトまたは動物に重篤な疾病を起こし，かつ，罹患者からほかの個体への伝播が，直接または間接に容易に起こりうるもの．有効な治療および予防法が通常得られないもの

レベル4に関する研究は特に注意を要する．例えば，過去に多くの犠牲者を出す原因となったパンデミックウイルスを再構築し，ウイルス遺伝子の変異とその病原性や感染性との関係を調べるような実験などである．レベル4の実験を行う際には実際に行う前に研究施設，設備，従事者の安全性，周囲の環境に対する直接あるいは間接的影響を十分検討した上でその研究が本当に必要なものであるかどうかを，所属機関の安全委員会はもちろん感染症研究の専門家や（倫理学や社会学など）専門外の学者も交えて結論を出さねばならない．

しかしながら，原因不明で死亡率の高い感染症の病理組織を用いて微生物を特定しなければならない場合も想定しておかねばならず，この場合はレベル3よりも高い封じ込めと外部漏出の検査システムなどの対策を立てておくべきである．レベル4にあたる研究は日本では通常，国立感染症研究所などの感染症専門の研究機関に限られる．

バイオセーフティまたはバイオハザードに関する情報は，日本版バイオセーフティクリアリングハウス（J-BCH）のホームページ（巻末付録8参照）などを参照することができる．

4.2 遺伝子組換え実験

a. 遺伝子組換え実験の規制（カルタヘナ法）

2003年9月に発効された「生物の多様性に関する条約のバイオセーフティに関するカルタヘナ議定書」は名称が長いため，一般に「カルタヘナ議定書」と呼ばれている．日本においてもこの議定書を締結後，2004年2月より法律が施行されている．正式には「遺伝子組換え生物等の規制による生物の多様性の確保に関する法律」で，一般に**カルタヘナ法**と呼ばれている．「カルタヘナ議定書」は世界130以上の国で締結されており，「遺伝子組換え生物など」の輸出入に際して情報の表示などが規制されている．ところがアメリカはこの議定書を締結しておらず，アメリカからの輸出に制限はない．日本ではアメリカから届く遺伝子組換え生物が法の規制を受けることになる．

「カルタヘナ法」は文部科学省ウェブサイトでも公開されている（巻末付録8参照）が，その概略を以下のとおり簡単にまとめてみた．
① 法の目的：生物の多様性の確保のため遺伝子組換え生物の使用を規制する．
② 基本的事項の公表：主務大臣が基本的事項を公表する．
③ 第一種使用等（拡散防止をしつつ使用などを行うことを明らかにする<u>措置をとらないで</u>行う使用など）に関する手続き：主務大臣の承認が必要．
④ 第二種使用等（拡散防止をしつつ使用などを行うことを明らかにする<u>措置をとって</u>行う使用など）：拡散防止措置が必要．

4.2 遺伝子組換え実験

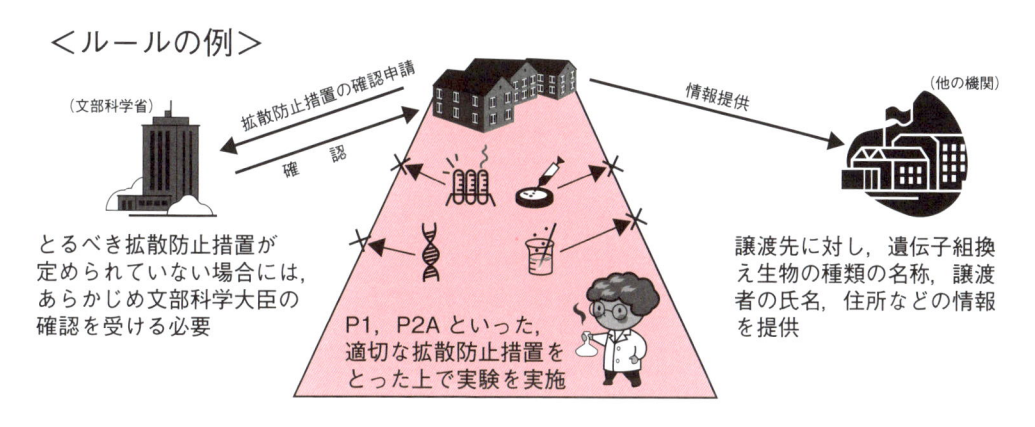

＜ルールの例＞

図 4.1　遺伝子組換え実験を行う場合のルール

⑤　輸入する生物の検査：遺伝子組換え生物の輸入に際しては主務大臣に届け出る必要のある場合がある．

⑥　情報の提供：第一種使用等が適正に行われるよう情報を提供する必要がある．

⑦　輸出に関する手続き：遺伝子組換え生物の輸出国に対する通告義務がある．

⑧　その他：主務大臣の報告聴取，立入り検査，措置命令などの権限について．

以上の記述は非常にわかりにくく，どのように遺伝子組換え実験を進めるべきか具体的な記載がないため，以下のキーワードを理解しておく必要がある．

キーワード：遺伝子組換え生物，遺伝子組換え実験，第一種使用等，第二種使用等，拡散防止措置，情報の提供

一言でいうと，遺伝子組換え実験を行う場合にはルールが存在するということである（図 4.1）．

b. 遺伝子組換え生物および遺伝子組換え実験とは？

まずカルタヘナ法でいうところの「遺伝子組換え生物」がどのようなものかを知っておくことが必要で，それは以下のとおりである．

次の技術の利用により得られた核酸またはその複製物を有する生物

①　細胞外において核酸を加工する技術

②　異なる科に属する生物の細胞を融合する技術

ただし，①には核酸を移転しまたは複製する能力のある細胞など，ウイルス（ファージ）およびウイロイドが含まれる．

また，以下の細胞などは除外する．

・ヒトの細胞など（ヒトの個体，配偶子，胚，培養細胞）

・分化能を有するまたは分化した細胞など（個体および配偶子を除く）であって，自然条件において個体に生育しないもの（動植物培養細胞，ES 細胞，動物の組織や臓器，切りキャベツ，種なし果実）

一般に種々の分子生物学実験で用いられるプラスミドに大腸菌以外の外来遺伝子を挿入し，それを大腸菌の中で増幅させる場合は「遺伝子組換え実験」である．ただし，その外来遺伝子が大腸菌由来の DNA である場合には「遺伝子組換え実験」には該当しない．そしてウイルスやファージなどはそ

れ自体が組換え生物であるということを覚えておかねばならない．最近ではウイルスのDNAパッケージングシステムやバキュロウイルス産生組換えタンパク質などが市販されているが，購入する前に実験の申請をし，許可が得られていなければならない．また，マウスやハエなどのトランスジェニック生物を購入，あるいは飼育するだけでも「遺伝子組換え実験」である．購入あるいは譲渡の前にその遺伝子組換え生物の遺伝子情報を提出し，施設からの許可があって初めて飼育することができる．

最近は，大学ばかりでなく高校あるいは初等教育においても「遺伝子組換え実験」が生物学実習に取り入れられている．このような場合であっても「カルタヘナ法」を遵守する姿勢が重要である．

c. 第一種使用等，第二種使用等とは？

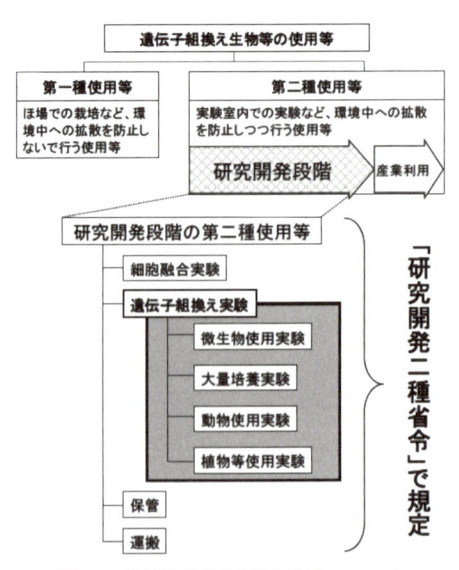

遺伝子組換え生物の使用については第一種および第二種使用に大きく分けられる（図4.2および巻末付録8参照）．

(1) 第一種使用等とは

環境中への遺伝子組換え生物などの拡散を防止しないで行う使用など．

［例］遺伝子導入植物の栽培，飼料としての利用，製油，納豆などの食品工場での利用，密閉された容器を用いない運搬

以上のように「第一種使用など」には，一般に屋外で遺伝子組換え生物が栽培あるいは飼育される場合が当てはまる．トランスジェニックイネやダイズの栽培，ウシやヒツジなど大型動物を屋外や開かれた動物舎で飼育するような場合が第一種使用である．

この第一種使用前には文部科学大臣および環境大臣の承認を受けなければならない．

使用などの間には，第一種省令規定を遵守することが必要である．承認取得者は文部科学大臣の求めに応じて情報を提供しなければならない．生物学的多様性影響が生じる恐れがある場合は，第一種使用規定を変更または廃止する．事故が発生した場合には，(i) 直ちに生物学的多様性影響を防止するための応急措置をとり，(ii) 速やかにその事故の状況及び措置の概要を文部科学大臣などに届け

図4.2　遺伝子組換え生物の使用について

4.2 遺伝子組換え実験

出る必要がある．その他使用などの間には，遵守すべき法律・政令や省令・告示などの規定がある．

(2) 第二種使用等とは

環境中への遺伝子組換え生物などの拡散を防止しつつ行う使用など（次の措置をとって行うもの）．
① 拡散防止機能を有する実験室などを用いること
② 当該施設などを用いる使用などのための運搬に供する密閉容器などを用いること

［例］　実験室を用いる使用など，培養・発酵設備を用いる使用など，網室，飼育区画（「第二種使用等」を行っている旨の標識を掲げているもの）を用いる使用など，密閉容器を用いる運搬

通常の実験室で行うところの遺伝子組換え実験は第二種使用である．

第二種使用の前に二種省令にとるべき措置が定められている使用などの場合は，定められた措置をとらなければならない（文部科学大臣への手続き不要）．また，第二種使用の前に二種省令にとるべき措置が定められていない使用などの場合は，一部の場合を除き，文部科学大臣の確認を受けなければならない．

使用などの間には，二種省令に定められている，または確認を受けた拡散防止措置をとることが必要である．事故が発生した場合には，(i) 直ちに応急措置をとり，そして (ii) 速やかにその事故の状況及び措置の概要を文部科学大臣及び環境大臣に届け出ることが必要である．そのほか遵守すべき法律・政令や省令・告示などの規定がある．

d. 拡散防止措置（遺伝子組換え実験操作における安全確保）

実験：遺伝子組換え実験の種類ごとに拡散防止措置の区分および内容（微生物実験，大量培養実験，動物使用実験，植物使用実験）が異なる．微生物実験についてはP1～P3レベルの拡散防止措置が規定されている．また，宿主と核酸供与体の実験分類の組合せにより拡散防止措置P1～P3レベルが変わる．

遺伝子組換え生物の保管と運搬についても注意が必要である（図4.3）．

保管：遺伝子組換え生物が漏出，逃亡その他拡散しない構造の容器に入れ，容器の外側に遺伝子組換え生物である旨を表示する．

運搬：遺伝子組換え生物が漏出，逃亡その他拡散しない構造の容器に入れ，容器の最も外側に取扱いに注意を要する旨を表示する．

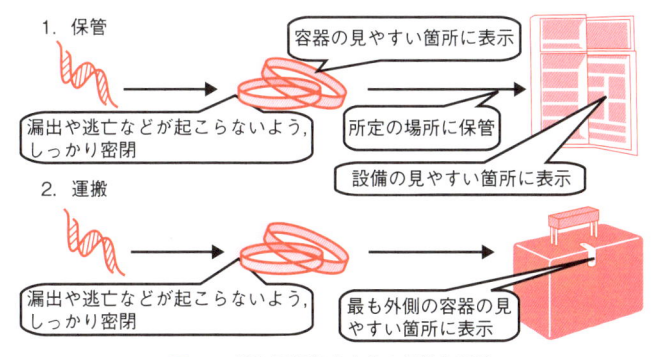

図4.3　遺伝子組換え生物の保管と運搬
保管および運搬（実験中の保管や運搬を除く）については，P1やP2Aといった拡散防止措置とは別の拡散防止措置を講じる必要がある．

第4章 生物科学実験を始める前に

　実験の申請の前にまず宿主と供与核酸のクラスを確認しなければならない．認定宿主ベクター系はB1とB2の2つのクラスに分類されており，拡散防止措置のレベルがすでに決められている．また，認定宿主ベクター系に当てはまらない場合には供与核酸と宿主の病原性に注意して拡散防止措置レベルを設定しなければならない．微生物は病原性や感染力の違いにより区分1〜4に分類されている．宿主，ベクター，供与核酸に応じて必要とされる拡散防止措置が異なるが，第二種省令第4条・第5条に照らし合わせて検討しなければならない．

　微生物実験におけるP1〜P3レベルは以下のとおりである．

(1) P1レベル

施設：通常の生物の実験室など

運搬：遺伝子組換え生物が漏出しない構造の容器に入れる．

その他：遺伝子組換え生物の**不活化**（オートクレーブなど），**実験室の扉を閉じておく．窓の閉鎖，エアロゾルの発生を最小限にする．遺伝子組換え生物などの付着，感染防止のための手洗いなど．関係者以外の者の入室制限．**

　以上のようにP1レベルで求められる事項は通常の生物学実験室で満たされるが，**事前にP1レベルとしての承認を受けておかなければならない．**

(2) P2レベル

　P1レベルの措置に加え，以下の措置を講ずること．

施設など：まず安全キャビネットの設置を検討しなければならない．エアロゾルが発生しやすい操作をする場合には，必ずキャビネット内で操作する（図4.4）．

その他：「**P2レベル実験中**」の表示（図4.5）．P1レベルの実験を同時に行う場合，これらの実験区域を明確に設定するかP2レベルの拡散防止措置をとる．

(3) P3レベル

　P2レベルの措置に加え，以下の措置を講ずること．

施設など：**前室の設置．前室の前後の扉を同時に開けないこと．実験室が容易に水洗，燻蒸でき，密閉構造であること．**ペダルで手洗いできる流しが必要．空気が内側へ流れていく給排気設備．排気が再循環されないこと．排水は遺伝子組換え生物を不活化してから行う．**高圧蒸気滅菌装置**（オートクレーブ）の設置．専用の真空ポンプの使用．

その他：専用の作業衣，保護履物などを着用．エアロゾルが生じうる操作をするときには実験室に出入りしない．「**P3レベル実験中**」の表示．P1やP2レベルの実験を同時に行う場合にはP3レベルの拡散防止措置をとる．

　遺伝子組換え実験を行うにあたってとるべき拡散防止措置が定められていないときには文部科学大臣の確認が必要となる（図4.6）．

　遺伝子組換え微生物を大量培養（通常20L以上培養）する実験は，LS1あるいはLS2という別のレベルに区分されており，大量培養，大量滅菌処理などが可能な施設で行わなければならない．

　ジーンターゲットマウスやトランスジェニックバエなどの**遺伝子組換え動物を用いる実験**の場合には上記のP1，P2，P3にあたるレベルが**P1A，P2A，P3A**となる．遺伝子組換え生物がウシ，ヤギ，あるいはヒツジなどの大型動物の場合は二重柵を設けて逃亡を防止するとともに「特定飼育区画」の表示が求められる．同様に**遺伝子組換え植物の実験はP1P，P2P，P3P**のレベルに分類されており，

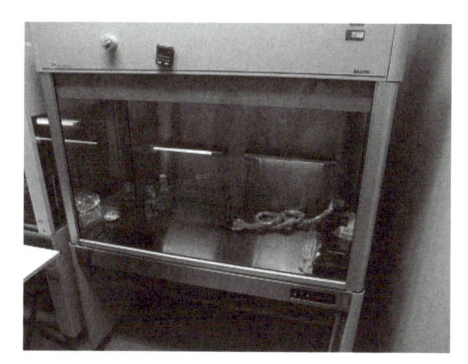

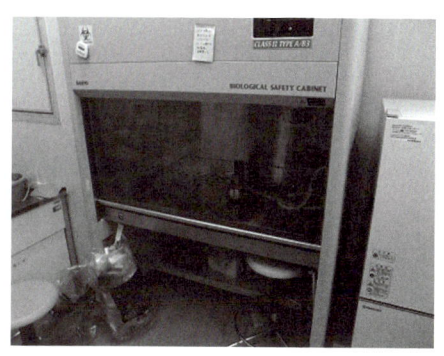

図 4.4 クリーンベンチ（左）とクラスⅡ安全キャビネット（右）
外観はほとんど同じだが，仕組みは異なっている．

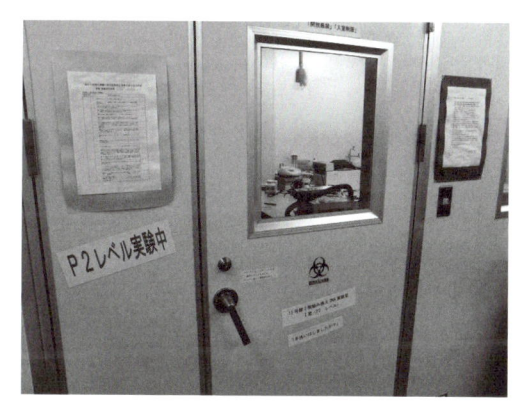

図 4.5 P2 レベル実験室の入り口
「開放厳禁」，「入室制限」「P2 レベル実験中」の表示が必要である．中には安全キャビネット（図 4.4 右）が設置されている．

屋外での栽培は「**特定網室**」という表示をして昆虫の侵入や花粉の飛散を制限する措置をとることが必要である．

e. 遺伝子組換え実験における健康管理，安全委員会などの体制，記録の保管
(1) 健康管理
　研究従事者の健康の保護を図るため労働安全衛生法などの関連法令を遵守すること．
(2) 安全委員会などの体制
　安全委員会や安全主任者の設置．遺伝子組換え生物の特性などに応じて安全な取扱いについて検討すること．さらに，取扱い経験者（実験責任者）の配置，取扱い者に対する教育訓練，事故発生時の連絡体制など体制の整備に努めること．
(3) 遺伝子組換え実験の審査と記録保管
　遺伝子組換え実験を始める前にあらかじめ安全委員会で実験計画が妥当なものであるかについて審議され，委員会からの承認が得られてから実験を開始するシステムでなければならない．遺伝子組換え実験に関して，使用などの態様，安全委員会での検討結果，譲渡などに関する情報などの記録や保管に努めること．

第4章　生物科学実験を始める前に

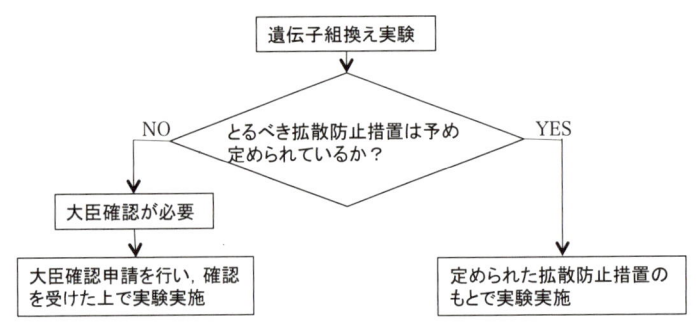

図 4.6　とるべき拡散防止措置が定められていない場合
遺伝子組換え実験を行うにあたって，とるべき拡散防止措置が定められていない場合は，文部科学大臣の確認を受けた拡散防止策をとる必要がある．

f. 情報提供に関する措置

(1) 情報提供が必要となる場合
一部の場合を除き，譲渡，提供，委託のつど行う．

(2) 提供する情報の内容
① 第一種使用の場合：遺伝子組換え生物などの種類の名称，第一種使用規定が承認を受けている旨，適正使用情報，氏名および住所など
② 第二種使用の場合：遺伝子組換え生物などの第二種使用をしている旨，宿主などの名称および組換え核酸の名称，氏名および住所など

(3) 情報提供の方法
以下のいずれかの方法による．
①文書の交付，②遺伝子組換え生物などの容器などへの表示，③FAX，④電子メール

● 情報提供に関わる使用者などの配慮事項
① 譲り受け者などにとって望ましいと判断される情報の提供
② 譲り受けなどに際して提供した，または提供を受けた情報の記録および保管

トランスジェニック動物の購入や遺伝子発現ウイルスを購入する場合はそれらの情報を提供することが必要となる．また，情報を記録し保管しなければならない．

g. 輸出に関する措置

(1) 輸出の通告
一部の場合を除き，遺伝子組換え生物などを輸出する場合には，輸出国に対してその種類と名称，特性などの事項を通達すること．

(2) 輸出の際の表示
一部の場合を除き，遺伝子組換え生物などには表示が必要となる．この表示には規定で定められた書式がある．

h. 罰則など
(1) 報告徴収，立入り検査など
　文部科学大臣などは，遺伝子組換え生物などの使用者などの関係者から報告を求めることがある．また，使用を行う場所への立入り，質問，検査などを行うことができる．
(2) 措置命令
　文部科学大臣などは，第一種使用規定の承認を受けないで第一種使用をした者，あるいは事故時の措置をとっていない者に対し，必要な措置をとることを命ずることができる．
(3) 罰則
① 措置命令に違反した者（1年以上の懲役，または100万円以内の罰金）
② 第一種使用規定の承認を受けないで第一種使用をした者（6ヶ月以内の懲役，または50万円以下の罰金）
③ 拡散防止措置の確認を受けないで第二種使用をした者（50万円以下の罰金）
④ 必要な情報提供をせずに譲渡などをした者（50万円以下の罰金）
⑤ 必要な通告や表示をせずに輸出をした者（50万円以下の罰金）

　遺伝子組換え実験従事者は以上のような罰則規定があることを忘れてはいけない．立入り検査を受ける場合などに備えて日頃から管理区域内への実験従事者の入室管理，実験内容などの記録を行うことが重要である．また，遺伝子組換え実験を行う場合は，管理区域内で承認されている実験内容を実験開始前に確認しておくことが必要である．

4.3　生物化学実験で用いられる薬品と器具の取扱い

a. 化学薬品
　化学薬品に関しては「毒物及び劇物取締り法（毒劇法）」，「消防法」，「労働安全衛生法」そして「特定化学物質の環境への排出量の把握等及び管理の改善の促進に関する法律（PRTR法）」などを遵守することが重要である．一般に，生物化学実験などでは爆発性のある薬品が使用されることはほとんどない．しかしながら以下の薬品は頻繁に用いられるので取扱い，保管，廃棄などの際には十分な配慮が必要である．

(1) アクリルアミド
　アクリルアミドモノマーを重合し，N, N'-メチレンビスアクリルアミド（Bis）で架橋することにより形成するポリアクリルアミドゲルを用いてDNAを分離できる．一般に500-bp以上の2本鎖DNAに対してはアガロース（寒天）ゲル（無害）を用いるが，それより小さい2本鎖DNAを検出するときや，例えば500-bpと450-bpのDNA断片を分離する場合，あるいは1本鎖DNAを分離する場合にはポリアクリルアミドゲルを用いることが多い．アクリルアミドモノマとBisが29：1で30〜40％の水溶液をろ過滅菌し，冷蔵庫で1〜2ヶ月保存できる．**アクリルアミドは通常粉末固体として販売されている．神経毒性**や**変異原性**があるので手袋を着用すべきである．重合後のポリアクリルアミドには毒性が少ないので余ったアクリルアミド/Bis混合溶液などは過硫酸アンモニウムとTEMEDを加えて重合してから廃棄する．

(2) エチジウムブロマイド（臭化エチジウム）
　2本鎖DNAの内部に入り込む（インターカレーション）色素で，紫外線が照射されるとオレンジ

色の蛍光を発するので2本鎖DNAの検出に用いられる．1本鎖DNAもゲル内で濃度が高い場合には検出可能であるが，DNAがある濃度を超えるとその部分だけ染色されなくなってしまう．**エチジウムブロマイド**は皮膚から吸収されやすく，**変異原性**や**発ガン性**のあることが知られている．廃棄の際には次亜塩素酸や塩素系漂白剤で処理して無毒化，あるいは活性炭に吸着させてから焼却する方法などがある．

(3) フェノール

融点42℃の白色の固体で**腐食性**が強く，皮膚から体内に取り込まれ，吐き気，嘔吐，頭痛などの症状が現れる．一般にクロロホルムと1：1溶液にして酵素反応後に加えてタンパク質を除く（除タンパク）処理の際に用いられる．一般に白色固体フェノールは60℃程度に加熱しTEバッファで飽和させてから4℃で保存する．このときキノリノールを混ぜておくとフェノール層は黄色になるので水層と見分けやすい．またフェノール層の酸化が進むと赤色に近くなってくるので除タンパクに使用できる期限の目安にもなる．酸化されたフェノールを使うとDNAが分解しやすくなる場合がある．フェノールはタンパク質変性剤なので操作においては手袋および保護メガネの着用が必要である．廃棄の際にはフェノール類とすること．

(4) クロロホルム

クロロホルムはフェノールと1：1溶液として除タンパク（DNAの抽出）に用いることが多いが，生化学の実験では薄層クロマトグラフィの展開液や天然物の抽出用溶媒としても用いられる．無色透明の液体で麻酔作用がある．長期にわたって使用すると**肝臓障害**や**発ガン**の原因となるといわれている．クロロホルムを含む有機溶媒として廃棄する．

(5) N-メチル-N'-ニトロ-N-ニトロソグアニジン（MNNG），エチルメタンスルホン酸

DNAに作用して塩基配列に突然変異を誘発する物質で，アルキル化剤などとも呼ばれる．**発ガン性**，**変異原性**，**催奇性**が強い．

(6) その他の有害物質

ホルムアルデヒドは核酸の化学反応やRNAの電気泳動で用いられるもので，**発ガン性**が認められている．メタノールも生化学実験で頻繁に用いられるが，体内に吸収されると代謝されてホルムアルデヒドとなる．また，**アジ化ナトリウム**はしばしばタンパク質溶液の保存の際に防腐剤として添加されるもので，**経口毒性**があり毒劇法で毒物に指定されている．衝撃，摩擦により爆発したり，爆発性物質を生成したりする可能性がある．その他，タンパク質の銀染色で生ずる廃液に銀が含まれていることにも注意する．

有害物質を扱う業務に従事する者は毎年健康診断を受けて自身の健康について気を配ること．

b. 器具

生物学，生化学，分子生物学で用いるガラス製実験器具としては，緩衝液を作成するためのビーカーやメスシリンダくらいで，細胞培養で用いるピペット，フラスコ，そしてシャーレなどほとんどがディスポーザブルのプラスチック製品である．動物に薬を注射する場合やRNAを抽出する際などに注射筒と注射針を用いる場合があるが，特に注射針は外に針がむき出しにならぬよう特定の容器に集め，実験施設の定めた廃棄方法に従うことが必要である．プラスチック製品や注射筒，注射針などは**医療用廃棄物**，あるいは**実験廃棄物**として一般ゴミと分別して廃棄しなければならない．

c. 装置
(1) クリーンベンチとバイオハザード対策用クラスIIキャビネット

　クリーンベンチとバイオハザード対策用クラスII（安全）キャビネットは互いに類似した外観を有しており（図4.4），クリーンな環境下で実験が行えるようにする同一の機能を持っているかのように思われがちである．実際にはそれぞれ使用する目的が大きく異なっているので原理を理解しておくことが望ましい．クリーンベンチとは，細胞培養や微生物研究に用いられる，ホコリや環境微生物の混入（コンタミネーション）を避けながら作業を行うための装置である．作業を行う机のようなスペースの周囲にガラスあるいはプラスチック製の壁と微生物吸着用のHEPAフィルタを備えつけた天井のある箱のような構造をしており，このHEPAフィルタを通過（精密ろ過）した空気を作業スペースに吹きつけることで無埃，無菌の状態に保つことができる．一方，クラスIIキャビネットは，病原体などを取り扱う際に発生する汚染エアロゾルへの曝露によって起こるバイオハザードを防ぐための安全機器である．操作するスペースはエア（気流）のカーテンによってスペース内の病原菌などが外気に漏れ出ないように仕切られており，エアロゾルは天井から吸い上げられてHEPAフィルタを通過し，実験室外には病原微生物などが排出されないようにする．排気は室外と室内の両方のタイプがあるが，実験で用いる微生物の危険度（クラス）により選択しなければならない．

　どちらにも火炎滅菌のためにガスバーナーがスペース内に配置されているので周りに燃えやすいものを置かないこと．そしてガスに点火したあとは消毒用アルコールの吹きつけを避けるなどの注意をすること．また，一般に非使用時はどちらの装置においても紫外線ランプを点灯し，内部の無菌状態を維持しておく．紫外線ランプを直視することは避け，また点灯したまま操作しないように注意する．

(2) オートクレーブ（高圧蒸気滅菌器）

　密閉した容器内で高温（120℃）高蒸気圧，20分程度の処理をし，滅菌するために用いられる装置で，いわゆる実験室の圧力窯である（図4.7）．不注意による事故が起こりやすいので以下の事項に注意する．

① オートクレーブ窯内部に規定量の水を入れておくこと．空炊きをすると事故や故障の原因となる．また，冷却蒸気ドレンタンクには，規定量の水が入っていることを確かめる．

② 蓋をしっかり閉じる．回転式の場合は軽く回して止まったところからさらに90°回すくらいで十分である．パッキン部分に物が挟まれないようにして蒸気漏れを防ぐこと．

③ 滅菌終了後は**常圧に戻って**から蓋を開けること．溶液の処理ではなく器具滅菌で，急ぎの場合はゆっくりと強制排気（エグゾースト）してもよい．溶液の場合は内部蒸気圧が急に低下すると噴きこぼれる恐れがある．窯の内部にゲルがあふれると故障の原因となるので，寒天培地の入った瓶は滅菌缶に入れてオートクレーブにかけること．

④ 蓋を開ける前に，必ず蒸気圧が0で，温度が100℃以下であることを確認する．

(3) 遠心機

　遠心機は低速遠心機（3000 rpmくらいまで），高速遠心機（15000 rpmくらいまで），および超遠心機（15000 rpm以上）に大きく区別できる（rpmはround per minuteの略）．また，卓上型と設置型，冷却装置の有無，種々のローターバケットの装着による違いを含めると様々な種類のものが使い分けられている．細胞の回収，細胞内小器官（ミトコンドリアなどのオルガネラ）の分離・分画，DNAとタンパク質の精製などに必要とされる装置である．ローターバケットに応じて遠心できる

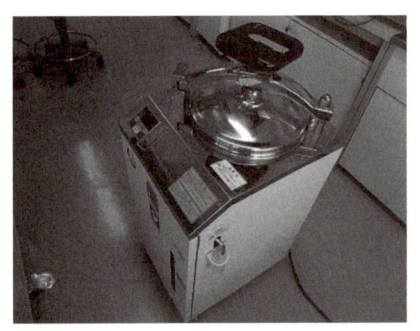

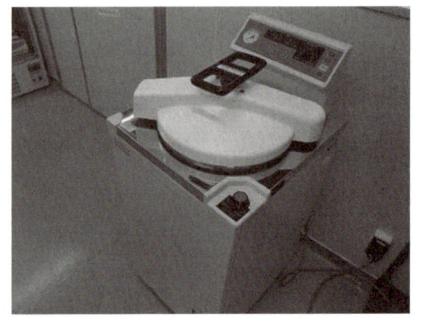

図 4.7 オートクレーブ（高圧蒸気滅菌装置）
上蓋ネジ式のタイプ．電源は 100 V（左）と 200V（右）があるので設置場所のコンセントなどを確かめておく必要がある．

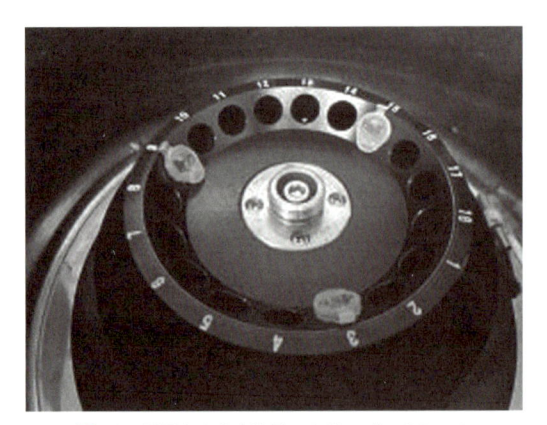

図 4.8 微量高速遠心装置へのサンプルのセット
対称的に同じ量のサンプルをセットする．

チューブが決まっており，0.5 mL，15 mL，50 mL，それ以上の容積の液体を入れられる遠心チューブなど，そして 96-well マルチタイタープレートなども用いられる．超遠心装置のローターに装着する遠心チューブは専用のものを用いる．

遠心操作では，遠心による重力（× g [gravity]），温度，そして時間を設定しなければならない．ローターに試料をセットする場合には，**同一の質量のチューブを対称の位置に配置**（バランス）する．事故や装置の故障を防ぐために，かけられる g の値が高くなればなるほどバランスに注意して運転すべきである（図 4.8）．アンバランス状態で運転すると，ガタガタと異常な音や通常とは異なるブーンという音がしたり，または装置が大きく揺れたりするなどの異常が起こる．最近の装置にはアンバランス運転のセンサがセットされており，自動停止する機能を持った装置もある．一般に，セットした回転数に達するまでは装置から離れずに異常のないことを確かめること．電源を切るとブレーキがかからないので，異常発生の場合には直ちにタイマーを 0 にする．

(4) 電気泳動用装置

電気泳動は主に DNA，RNA などの核酸，あるいはタンパク質の分離，精製を目的として行われる方法である．一般の 100 V 交流電源を直流に変換し，定電圧（CV：constant voltage）または定電流（CC：constant current）条件で通電する．一般に赤は正（陽；＋）極，黒は負（陰；－）極である．核酸は正極側に向かって流れるので接続を間違わないようにすること．用いるゲルの組成や

バッファ，用いる泳動槽の種類などによって電圧または電流，時間などの設定が異なる．DNA塩基配列の決定などにおいては1000 V以上の高電圧条件で行われるため，特に注意を要する．安全装置のついているものが多いが，感電しないように気をつける．例えば電源をオフにしても残電流（静電気）の発生している場合があるので，正極・負極のコードに同時に触れることは避ける．

(5) 紫外線照射装置（UVイルミネーター）

エチジウムブロマイドなどによって染色されたDNAやRNAを検出する際に用いられる．暗室で装置がむき出しになった状態で使用する場合には紫外線防護メガネやフェイスシールドなどを用い**紫外線を直視しない**ようにする．最近の装置は暗箱，カメラ，プリンタ一体型の検出装置が多く用いられており，防護メガネなしで撮影やゲルの切出し操作が可能である．

4.4 動物実験

生物を対象とする研究には，安全性の面や倫理性の面で，様々な規制がある．主に安全性の面から規制されているものには遺伝子組換え実験や放射性同位元素を利用する実験，病原性微生物や毒素・毒物を用いる実験がある．一方，動物実験やヒトの遺伝情報を扱う実験，臨床研究などは倫理面の規制が主である．この節では，動物実験における倫理面での規制を中心に述べる．

a. 動物実験と実験動物の福祉

(1) 動物実験とは

生物科学においては，DNAの発現制御の研究には大腸菌や酵母が，発生などの研究には線虫やショウジョウバエが対象とされたように，しばしば特定の生命現象の解明のために特定の生物が用いられてきた．これらはモデル生物と呼ばれ，研究に便利なように様々な工夫がなされてきた．基礎医学や薬学分野でよく用いられるマウスは，信頼性のある実験結果が得られるように改良の積み重ねられたもので，実験動物と呼ばれている．

実験動物には，このほかにラット，ハムスター，モルモット，ウサギなどがある．動物実験とは，これら系統発生的に爬虫類以上の動物を用いる実験をいう．現在の社会では，動物に対して，「みだりに苦しめない適正な取扱いをすべき」という考え方がなされているが，動物実験の際にも，動物に対して，この考えを尊重することが求められている．

(2) 実験動物の分類

実験動物は遺伝学的な背景と微生物学的な清浄度から分類される（表4.3）．遺伝学的な背景をもとに分類されるものは，系統（strain）と呼ばれる．近交系の各系統は遺伝的背景の均一性が高く個体差が極めて少ないという特徴があり，クローズドコロニーではある程度の遺伝的背景の均一さを持つ系統の大量生産が可能という利点がある．異なる系統の雑種である交雑群は，第一代の子供であるF_1がよく用いられる．ミュータント系は疾患モデル動物としてよく用いられるが，最近では遺伝子改変動物がこれに取って代わる傾向がある．

動物飼育にあたっては，病原性微生物の感染が問題になる．多くの実験施設で飼育されるマウス，ラット，モルモット，ウサギに感染する主な病原性微生物を表4.4に示す．A〜Dは病原性のカテゴリで，動物からヒトに感染してヒトを発病させる恐れがあるものをA，動物を致死させることができる高度病原性微生物で感染力も強いものをB，動物を致死させる力はないが発病の可能性があって

表 4.3　遺伝学的背景による実験動物の分類

近交系	20世代以上にわたって近親交配させたもの
クローズドコロニー	5年以上一定集団内で繁殖させているもの
交雑群	異なる系統をかけ合わせたもの
ミュータント系	突然変異形質など特定の遺伝形質を持つもの
遺伝子改変動物	トランスジェニック動物やノックアウト動物など

表 4.4　実験動物に感染する主な病原性微生物

カテゴリ	病原性微生物	マウス	ラット	ハムスター	モルモット	ウサギ
A	サルモネラ菌	○	○	○	○	○
B	センダイウイルス	○	○	○	○	○
	唾液腺涙腺炎ウイルス		○			
	マウス肝炎ウイルス	○				
	エクトロメリアウイルス	○				
	肺マイコプラズマ	○	○			
	腸粘膜肥厚症菌	○				
C	ティザー菌	○	○	○	○	○
	ネズミコリネ菌	○	○			
	気管支敗血症菌		○		○	○
	肺炎球菌		○			○
	パスツレラ					○
	溶血連鎖球菌				○	
	コクシジウム				○	○
D	緑膿菌	○	○	○	○	○
	黄色ブドウ球菌	○	○	○	○	○

生理機能を変化させるものをC，健康なマウスやラットの体内に存在するが実験処置によっては病気を誘発する恐れがあるものをDとしている．表4.4に示すような特定の病原性微生物の感染のない状態（specific pathogen free）の動物はSPF動物と呼ばれる．これに対し，特に病原性微生物の感染の有無が配慮されていないものはコンベンショナル動物と呼ばれる．遺伝子改変動物に飼育管理の制約が厳しいことから，これと区別する意味で，遺伝子改変されていない動物をコンベンショナル動物ということがあるので，混同しないように注意してほしい．クリーン動物は比較的安価に入手できる一定の微生物学的清浄度を持つものであり，無菌動物とはSPF動物よりもはるかに清浄度の高いものである（表4.5）．

(3) 実験動物の福祉と3R

実験動物と動物実験に求められる倫理性は，表4.6に示すreplacement, reduction, refinementの頭文字からとった3Rという言葉に集約される．

replacement とは，実験計画の立案にあたって，動物実験以外の方法（*in vitro* 実験や細胞や組織を用いた実験）や発生学的により下位の動物を用いた実験，より侵襲性の低い動物実験に置き換えることを検討することで，日本語では「**代替法の検討**」と表現される．

reduction とは，統計的信頼性を考慮しながら動物実験の実施計画を十分に練って，実験に供する動物の最少化に努めることである．精度の高い実験を行うことも同時に要求され日本語では，「**最少数の使用**」と表現される．

refinement とは，十分な文献調査を行うとともに，個々の実験手技の習熟を図るなど，実験全般

表 4.5 微生物学的清浄度からの実験動物の分類

無菌動物	検出可能なすべての微生物の存在しないもの
ノトバイオノート	無菌動物に既知の微生物を定着させたもの
SPF 動物	特定の有害な微生物の存在しないもの
クリーン動物	SPF 動物を種親として簡素な管理方式で生産されたもの
コンベンショナル動物	特に微生物学的な配慮なしに生産されたもの

表 4.6 動物実験の 3R

3R	日本語の表現	内　容
replacement	代替法の検討	実験計画の立案にあたって，できるだけ動物実験に代わる方法を検討すること
reduction	最少数の使用	実験計画をよく練り，使用する動物の最少化に努めること
refinement	苦痛の軽減	実験技術や手法の洗練に努めて，動物の被る苦痛を軽減すること

にわたって洗練化を行うことである．このことにより，特に苦痛の排除・軽減が求められることから，日本語では，refinement の直訳である「洗練」よりは「**苦痛の軽減**」と表現されることが多い．なお，動物実験の統計および実験手技については参考書を参照してほしい．

　苦痛については SCAW（Scientists Center for Animal Welfare）による苦痛度分類がよく用いられる（**表 4.7**）．安楽死後の動物から得た血液，器官や組織を使用する生化学，細胞生物学分野の実験や大腸菌，酵母，線虫，ショウジョウバエといったモデル生物を対象とする分子生物学分野の研究は規制の対象となる動物実験とはみなされない．カテゴリ C と D の実験については，動物実験委員会の審査において，動物に与える苦痛の軽減化が求められる．実験結果として死が想定される致死実験はカテゴリ E の実験であるので，そのままでは実験が禁止されており，死に至る前に安楽死処置を施す人道的エンドポイントを設けることにより，実験が認可されることが多い．

(4) 動物飼育施設

　飼育施設に対しても，SPF とコンベンショナルという用語は用いられる．SPF 施設とは微生物的に統御された SPF 動物飼育のためのバリア方式飼育施設であり，特に配慮されていないオープンな施設はコンベンショナル施設という．SPF 施設では利用者が使用ルールとマナーを守ることが特に求められる．後述のように，動物を飼育する施設も実験動物に対する福祉と清浄な環境を維持することが定められている（b の (1) 参照）．これは施設の管理者だけではなく実験者に対しても求められ，施設の利用規定などに書かれている．このほかにも，共同施設の利用マナーとして，第三者の実験に配慮することも重要である．1 人の実験者の不注意による動物の感染は，施設内すべての動物の安楽死処置を招き，動物実験の 3R に背くばかりか，ほかの実験者の研究にも大きな影響を与える．施設利用ルールの遵守に努めてほしい．

b．適正な動物実験の実施

(1) 動物実験の自主管理の考え方

　動物愛護の立場から動物実験に対する批判が強くなった 1990 年前後から，欧米諸国では研究者に動物実験の適正な実施を求めるようになってきた．イギリスなどでは，実験者，実験計画，実験施設

表 4.7　SCAW による苦痛カテゴリ

苦痛度カテゴリ	内容
A	生物個体を用いない実験，あるいは細菌，原虫または無脊椎動物を用いた実験
B	脊椎動物に対して全く，あるいはほとんど苦痛を与えないと思われる実験操作
C	脊椎動物に対して軽微なストレスあるいは痛み（短時間持続する）を与える実験操作
D	脊椎動物に対して避けることのできない重度のストレスや苦痛を与える実験操作
E	麻酔をしていない意識のある脊椎動物を用い，動物が耐えることのできる最大の痛み，あるいはそれ以上の痛みを与えるような実験操作，または実験結果として死が想定される実験操作

において法律上の許認可を必要とされる規制が行われており，アメリカでは倫理委員会の設置を義務づけた研究者による自主規制が行われるようになった．日本では 2006 年から，環境省による「動物の愛護及び管理に関する法律」の施行と，その後に定められた法令などのもとに，研究者による自主規制が行われている．この法律では，「動物をみだりに殺し，傷つけ，苦しめないことや習性を考慮した適正な取り扱いをすること」が基本原則とされ，「適正な飼養・保管と動物の健康・安全の保持」を飼主責任とし，「動物を殺さなければならないときには，苦痛を与えない安楽死処置の実施」が定められた．特に，科学上の利用に供する動物を取り扱う際には，「動物実験の 3R を遵守すること」，「科学上の利用後，回復の見込みのない動物の安楽死処置」が明記されている．

これを受けて名称変更を伴う改定がなされたのが，「実験動物の飼養及び保管並びに苦痛の軽減に関する基準」という法令である．

動物実験の必要性と 3R の明確化と責任が明文化され，基準の遵守に関する指導を行う委員会の設置などの自主管理がうたわれている（表 4.8）．この法令を受けて，文部科学省，厚生労働省，農林水産省は，それぞれ動物実験実施に関する基本指針を，管轄する関係研究機関に通知・通告している．また，日本学術会議は，動物実験の詳細ガイドラインを報告している．

実験動物の安楽死処分については「動物の処分方法に関する指針」（総理府告示 40 号）により，「できる限り処分動物に苦痛を与えない方法で行うこと，社会的に容認されている通常の方法によること」が示されている．

遺伝子改変動物の飼養・同一施設内の運搬・他施設への譲渡などの際には，「遺伝子組換え生物等の使用等の規制による生物の多様性の確保に関する法律」（カルタヘナ法）による規制がある（4.2 節参照）．これは自主規制ではないので，カルタヘナ法の遵守を徹底することが求められる．そのほか，外来生物法の規制，輸入動物に対する感染症予防法の適用にも注意してほしい．

また麻酔薬の中には，使用数量の管理義務や免許の必要な向精神薬や麻薬があることにも注意しなくてはならない．

(2) 実験計画の立案と申請

動物実験は，各機関の研究者による自主管理により行われている．その根幹をなすのが，各研究機関ごとに定められた動物実験規定あるいは動物実験指針である．ここでは，動物実験計画の承認と実施など動物実験に関わる最終責任が学長，理事長，社長などの機関の長にあることが明文化され，実

表 4.8 「実験動物の飼養及び保管並びに苦痛の軽減に関する基準」の要点

基本的考え方	動物実験は必要不可欠 3R の明確化と責任性・環境保全
委員会の設置	指針の策定，基準の周知，体制の準備
適　用	哺乳類・鳥類・爬虫類
共通基準	動物の健康，安全の保持 施設の構造 教育訓練 危険防止 人と動物の共通伝染病の知識習得 動物の記録管理 動物の輸送
個別基準	実験を行う施設 実験動物を生産する施設

験動物の飼育管理と動物実験の実施に関わる機関内諸規定を定めて，適正な動物実験の自主管理を行うことがうたわれている．そして，この規定あるいは指針の運用のために，動物実験委員会が設けられている．その大きな役割は，実験計画の審査と実施者に対する教育訓練を行うことである．また，動物施設では，利用規定が定められている．バリア式飼育施設と特に配慮していないオープンな飼育施設とでは注意点が異なるので，十分な説明を受け理解しておくことに留意すべきである．これらの諸規定や施設利用規則の関係を図 4.9 に整理した．

　動物実験計画書のもとになるのは，先に述べた日本学術会議のガイドラインである．表 4.9 にガイドラインに記載された内容と 3R との関連を示した．replacement や reduction よりも，refinement に該当する項目のほうが大変であることがわかると思う．まさに，計画を練り上げて洗練された計画にする作業である．

　動物実験は動物の被る苦痛という cost に対し，人への恩恵という benefit が大きい場合に承認される．したがって，まずは benefit が大きい実験計画を立てなければならない．そして，不要な繰返しの実験になっていないこと，代替法と系統発生学的に下位の動物への置換えを十分に検討した結果選択した計画であることを記載する必要がある．さらに，科学的に信頼できる結果を得るために必要な最少数の動物にまで削減したことを記載するとともに，使用動物数を示す必要がある．また，実験方法に関して文献調査を十分に行ったこと，実験手技の習熟に努めてできるだけ苦痛の軽減を図っていることなどを記載する．遺伝子改変動物を使用する場合や病原性微生物を使用する場合には，関連の学内委員会において承認されていることを記載する必要がある（機関によっては，審査が行われていることを記載する）．実験後は，回復の見込みのない状態にあることが多いので，動物実験においては使用した動物を安楽死させる方法についても記載する．

　cost が benefit よりも大きいと判断されると，承認されない．しかし審査の結果，麻酔を施したり，人道的エンドポイントを設けたりするなどして cost を軽減することにより，承認される場合がある．また，動物委員会の審査の結果，修正を求められることがあるが，動物福祉に配慮したよりよい計画にするためという姿勢で修正に取り組むべきである．

(3) 実験計画の教育訓練と自己点検・内部評価

　動物実験の自主管理にとって，実験従事者の教育訓練はきわめて重要である．このことは，機関内の動物実験に関する規程に明記されている．

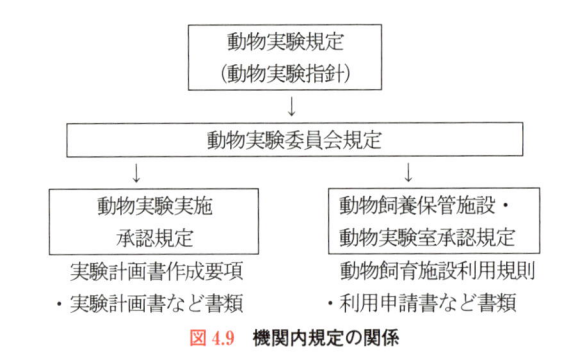

第 4 章　生物科学実験を始める前に

```
        ┌─────────────────┐
        │   動物実験規定    │
        │  (動物実験指針)   │
        └─────────────────┘
                 ↓
        ┌─────────────────┐
        │  動物実験委員会規定 │
        └─────────────────┘
          ↓           ↓
    ┌──────────┐  ┌──────────────┐
    │ 動物実験実施 │  │動物飼養保管施設・│
    │  承認規定   │  │動物実験室承認規定│
    └──────────┘  └──────────────┘
  実験計画書作成要項    動物飼育施設利用規則
 ・実験計画書など書類   ・利用申請書など書類
```

図 4.9　機関内規定の関係

表 4.9　3R と学術会議ガイドライン

3R	学術会議ガイドライン
replacement	・代替法の可能性はあるか ・より浸潤性の低い方法に置き換えられるか*
reduction	・使用動物数はどれだけか (・統計的な最少数であるか)
refinement	・不必要な繰返しに当たらないか ・実験従事者の教育訓練 ・特殊ケージの必要性 ・予想される障害・症状・苦痛の程度 ・鎮静・鎮痛・麻酔処置の方法 ・術後管理の方法 ・安楽死の方法
その他	・目的と必要性 ・遺伝学的・微生物学的品質 ・安全管理上の問題があるか ・その場合の安全対策

*refinement にも該当する．

　初心者だけではなく，継続者も動物実験に関する情報に耳を傾けることが重要である．動物実験規定あるいは指針には，自己点検・内部評価を行うことも明記されている．法ではなく自主管理で規制が行われている日本のような場合には，動物実験が適正に行われたかを内部検証することは重要である．機関全体における自己点検・評価は動物実験委員会や施設の管理委員会の役割であるが，各研究者においても絶えず実験計画を見直し，改良して洗練に努めることはきわめて重要である．

　麻酔法 1 つをとっても，従来許容され一般に用いられていた方法が問題となることもある．

■**文　献**

［遺伝子改変動物の取扱いの解説書］
　日本実験動物環境研究会編，久原孝俊・久原美智子訳（2007）遺伝子改変マウス作出における洗練（refinement）および削減（reduction），アドスリー．
［実験動物の統計学に関する解説書］
　柴田寛三（1974）生物統計学序説——推計学による動物実験データ分析法の基礎，創文．
［動物実験手技に関する技術書］
　鈴木　潔 編（1981）初心者のための動物実験手技(1)マウス，ラット（KS 医学・薬学専門書，講談社）．
　寺本　昇 監修（2009）動物実験手技集成（解説書付 DVD）エヌ・ティー・エス．
［人道的エンドポイントに関する解説書］
　中井伸子 訳（2006）動物実験における人道的エンドポイント，アドスリー．

[動物管理に関する解説書]

大和田一雄 監修，笠井一弘（2007）アニマルマネジメント——動物管理・実験技術と最新ガイドラインの運用，アドスリー．

大和田一雄 監修，笠井一弘（2009）アニマルマネジメントⅡ——管理者のための動物福祉実践マニュアル，アドスリー．

5 放射性核種と放射線

5.1 放射性同位元素

　原子は原子核とそれを取り巻く電子からなる．原子核は正の電荷を有する陽子と電荷を有しない中性子からなり，これらは核子と呼ばれる．さらに，核子はクオークで構成されている．核子の総数 A は質量数に，陽子の数 Z は原子番号に相当する．Z は軌道電子の数に等しくなり，中性子の数は A-Z となる．陽子と中性子の数やエネルギー状態により決まる原子核の種類を核種と呼び，同一元素（Z が同一）で質量数（A）が異なる核種同士をアイソトープ（同位元素）という（図 5.1）．同位元素には安定なものと放射線を放出するものがあり，それぞれ**安定同位元素**（SI：stable isotope），**放射性同位元素**（RI：radioisotope）と呼ばれる．

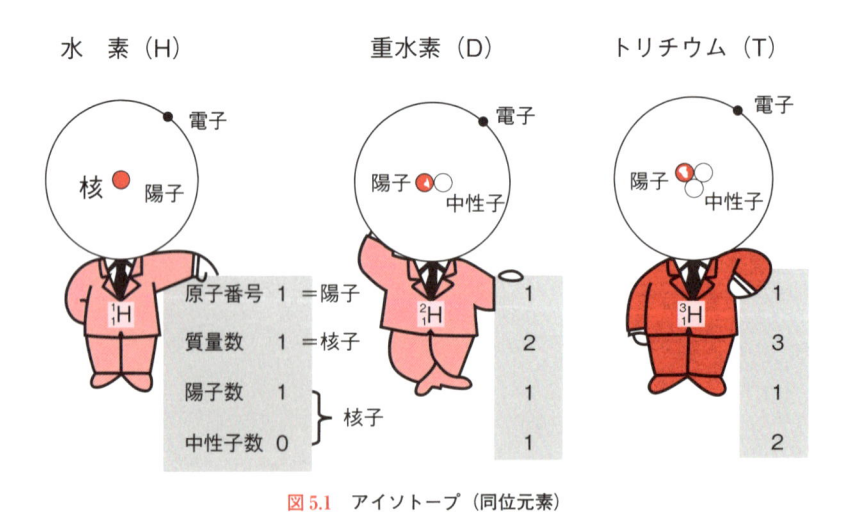

	水素（H）	重水素（D）	トリチウム（T）
原子番号	1 =陽子	1	1
質量数	1 =核子	2	3
陽子数	1	1	1
中性子数	0	1	2

図 5.1　アイソトープ（同位元素）

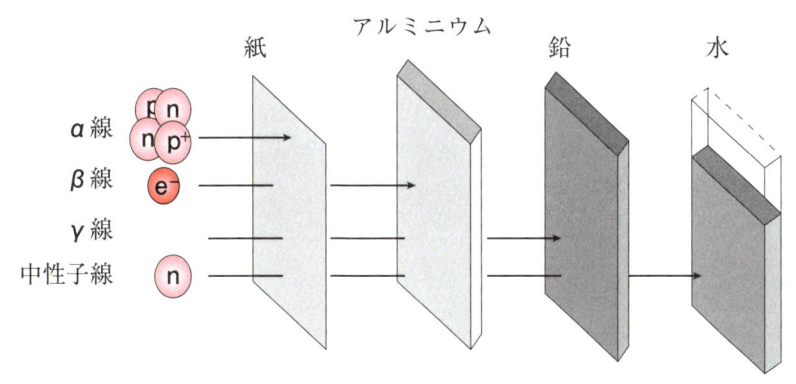

図 5.2　各種放射線の電荷と透過性の違い

5.2　放射線の種類と性質

RI から放出される α 線，β 線および γ（X）線をはじめ，中性子線，陽子線，重粒子線などはすべて放射線である．このうち，電荷を有する α 線および β 線はクーロン力を介した衝突により相手の物質を電離することから**直接電離放射線**と呼ばれる．一方，電荷を有さない γ 線，X 線，中性子線などは物質との相互作用により生じた二次電子を介して物質を電離することから**間接電離放射線**と呼ばれる．電離能，飛程，透過性などの特性は各放射線により異なる．図 5.2 には，各種放射線の電荷と透過性の違いを示す．

5.3　放射能と放射線の単位

放射能とは，RI が放射線を放出して壊変する性質（radioactivity）およびその量（activity）をいう．放射能の量（放射能量）は単位時間（秒）当たりの壊変数（**ベクレル**，Bq）で表す．放射線と

表 5.1　放射能と放射線の単位

量／記号	単位	意味	備考
放射線のエネルギー	電子ボルト（eV）	電子が電位差 1V の真空中を通過するときに得られるエネルギーの大きさ．	$1\,eV = 1.6 \times 10^{-19}\,J$
放射能	ベクレル（Bq）	放射性核種が放射線を出す能力をいい，1 秒間に 1 回の壊変を 1 Bq と定めた．	旧単位 Ci $1\,Ci = 3.7 \times 10^{10}\,Bq$
粒子フルエンス ϕ	N/a·t（m^{-2}·s^{-1}）	大円中の単位面積かつ単位時間当たりに入射する放射線の量．	
照射線量 X	C/kg	X 線と γ 線に対して用い，空気を電離する能力．	
吸収線量 D	グレイ（Gy）	被照射物質が単位重量当たりに吸収されたエネルギーの大きさで，1 Gy=1 J/kg である．	旧単位ラド 1 rad = 0.01 Gy
等価線量 H_T	シーベルト（Sv）	放射線防護の観点から，放射線の種類やエネルギーにより人体組織に対して影響が異なることを考慮した吸収線量の大きさで $Sv = D \times$ 放射線荷重係数 × 修正係数となる．	旧単位レム 1 rem = 0.01 Sv
実行線量	シーベルト（Sv）	人体に対する放射線の影響は組織により異なることを考慮した吸収線量の大きさで，$Sv = D \times$ 等価線量 × 組織荷重係数となる．	
1 cm 線量当量 H_{1cm}	シーベルト（Sv）	人体を模擬した ICRU*球の深さ 1 cm における線量当量．	

＊：International Commission on Radiation Units.

はRIが壊変する際に放出される荷電粒子または電磁波をいい，代表的なものに，すでに記述したα線，β線，γ線などがある．これらの放射線に物質または人体が「**どれだけ当たったか**」，「**どれだけエネルギーが吸収されたか**」が**放射線量**であり，前者には**照射線量**（クーロン/キログラム，C/kg）という単位を，後者には，物質が被照射体であるときには**吸収線量**（**グレイ，Gy**），人が被照射体であるときには**線量当量**（**シーベルト，Sv**）という単位を用いる．表 5.1 に，これらの単位をまとめた．

5.4 非密封線源の取扱い

　放射線を放出する RI またはこれを含む化合物のうち，密封されてないものを非密封線源という．非密封線源は主としてライフサイエンス分野でのトレーサ実験に用いられ，使用にあたっては体内外の汚染と環境汚染の防止に注意を払う必要がある．

a. 取扱いに際しての一般的注意事項

　非密封 RI の取扱いに際しては，以下のような一般注意が必要である．

① 手に傷があるときには RI 実験を行わない．
② 原則として 2 人で実験を行い，RI を取り扱う人と補助者との役割分担をする．
③ ガス状または揮発性 RI 取扱いに際しては，フードないしはグローブボックス内で実験を行う．作業台にはポリエチレンろ紙などを敷き，汚染が拡大しないように心がける．
④ RI の種類や使用量に応じて必要があれば遮蔽材を用いる．
⑤ RI を取り扱う作業者は必要に応じて，保護メガネ（安全メガネ），マスクを着用する．
⑥ RI を取り扱う作業者は必ずゴム手袋を着用する．手袋が汚染した際には，直ちに除染するか，新しいものに交換する．この際，汚染したものを放置しないこと．
⑦ ゴム手袋を着用したままで電源スイッチ，ガス栓，水道蛇口，戸棚，引出し把手などを直接さわらない．汚染が拡大する恐れがあることから，補助者に依頼するか，ペーパータオルを間に挟んで操作する．
⑧ ピペット使用時は口で直接吸わないで安全ピペッタを用いる．
⑨ 液状の RI はろ紙を敷いたバットの中で取り扱う．
⑩ 粉末状の RI は，グローブボックスの中で取り扱う．
⑪ フード内に持ち込んだ器具類を出すときには，必ずサーベイメータで汚染の有無をチェックする．なお，フードのガラス戸はみだりに大きく開けず，頭部などを内部に入れない．
⑫ RI の入った容器には，核種，放射能濃度，調製日，使用者名などを記した RI 標識テープを添付する．
⑬ 実験終了後は，使用したフード，実験台などの汚染状況をサーベイメータでチェックする．
⑭ 最後に，RI 廃棄物を分類し廃棄保管室の所定のドラム缶に捨てる．

b. 身体表面などの RI 汚染の除去

　RI 汚染をしてしまった，またはその恐れがあるときは，まず初めにサーベイメータまたはスミア法で汚染状況（核種，場所，範囲，程度など）を確認する．汚染の除去にあたっては早期除染が原則で，汚染直後であれば容易に除染されることが多い．除染作業に際しては，汚染拡大防止の観点から，

外側から内側に向かって，また低レベルから高レベルの順で除染する．除染剤は汚染の状況，核種，化学的性状などを十分考慮して適当なものを選択して用いる．各部位の除染は以下のように行う．

① 身体：皮膚を傷つけないように柔らかいブラシなどを用いて除染する．

　　無傷の皮膚：中性洗剤を振りかけ，水で濡らした柔らかいハンドブラシで1分ほど軽くこすり，大量の水で洗い流す．爪の間などの除染しにくい箇所は爪ブラシなどで入念に洗浄する．顔の除染に際しては，目や口に汚染物が入らないように注意する．除染後にはハンドクリームを十分すり込んでおく．

　　傷口または粘膜：傷口や目・口の粘膜が汚染した場合には，直ちに大量の温水で洗い流す．傷口は開いて血液を絞り出すようにする．汚染がひどい場合には，傷口の心臓に近い側をハンカチなどで止血する．これらの応急処置後，直ちに管理室安全管理実務担当者・取扱い主任者に報告する．

② 床，機器類，衣服など：床にこぼしたRI粉末や液体などは，その材質に応じて，汚染の範囲を広げないように直ちにペーパータオルなどを用いてふき取る．除染が困難な場合は表面を削り取るか，適当な被覆剤で覆う．短半減期核種による汚染の場合には除染せず，減衰するのを待つこともある．

5.5 密封線源の安全取扱い

RIをステンレス鋼やアクリルなどの密封容器に封入し，外部に飛散しないようにしたものを密封線源という．また，RIを金属板などに挟んで圧延したものや線源窓に薄いアルミニウム膜を用いたものなども密封線源に含まれる．密封線源は放射線・放射能測定器の校正や動作確認，厚さ計などの計測装置，放射線照射装置に，さらに主としてガンの放射線治療のための診療用線源などに利用されている．理工学分野で用いられる主な機器の装備密封線源を表5.2に挙げる．

密封線源には目的に応じて様々な種類のものが存在するので，用途に応じた取扱いが必要である．放射線を使うといっても機械的な強度に必ずしも重点が置かれているとは限らず，密封線源の性質を理解した上で破損させないよう適切に取り扱う注意が必要である．一般にα線やβ線は透過しにくく密封線源の機械的強度はγ線源に比べて弱いので特に注意が必要である．

非密封線源に比べて密封線源は法令上の扱いが簡便であり，管理区域の設定なども簡単なため，使

表5.2 主な機器の装備密封線源

機器名	核　種	数量（Bq）
照射装置	^{60}Co	$3.7\times10^{13}\sim10^{17}$
照射器（ラジオグラフィ）	^{60}Co, ^{192}Ir	3.7×10^{11}
厚さ計（γ線） 　　　（β線）	^{60}Co, ^{137}Cs, ^{241}Am ^{85}Kr, ^{90}Sr, ^{147}Pm	$3.7\times10^{9}\sim10^{12}$ $\sim3.7\times10^{10}$
レベル計	^{60}Co, ^{137}Cs	$\sim3.7\times10^{10}$
密度計	^{60}Co, ^{137}Cs	$\sim3.7\times10^{10}$
水分計	^{241}Am+Be, ^{252}Cf	$\sim2.0\times10^{10}$
硫黄計	^{241}Am, ^{55}Fe	$\sim3.7\times10^{10}$
ガスクロマトグラフィ装置	^{63}Ni	3.7×10^{10}

用時に油断しがちであるが，取扱いには注意が必要である．管理区域内への立入りや，線源の移動・管理に注意を払うことはいうまでもないが，無駄な放射線被曝を避けるようにする．特に密封線源の装置への取付け・取外し時には手で扱うことが多いため，被曝量を少なくする線源の保持法を考慮し，放射面を直接さわることがないように配慮する必要がある．

5.6 放射線発生装置の安全取扱い

a. X線発生装置の原理

X線は，真空中でフィラメントを加熱して得られる熱電子を高電圧により加速し，対陰極（陽極）に衝突させることで発生する．図 5.3 に X 線管球の外観および断面概略図を示す．熱電子が対陰極に衝突して発生する X 線は非常にわずかであり，大部分が熱に変換されるため，対陰極は常に冷却する必要がある．X 線発生装置の使用を終了したのち，しばらく冷却装置を稼働させなければならないのはそのためである．

X 線発生装置で発生させた X 線のうち実際に利用するのは一部分であり，利用されない不要な X 線をできるだけ遮蔽して，外部に漏れないようにする必要がある．なお，上述のように X 線は対陰極に電子線が衝突することにより発生するが，その発生方向は対陰極平面に対して約 4° 上方であることから，ベリリウム窓の位置を見れば対陰極がどの位置に配置されているのかおおよそわかるはずである．

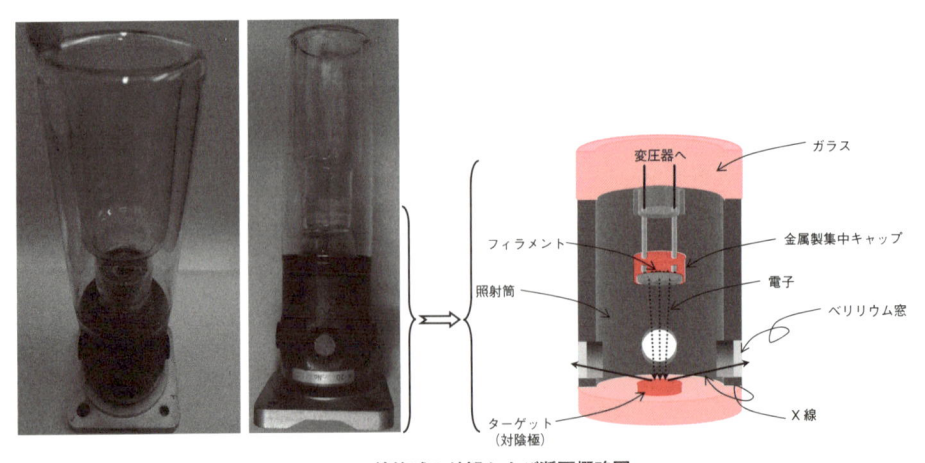

X 線回折装置を用いた分析を行う際，管球の対陰極が何であるかを明記する必要がある．物質の原子座標や原子間距離など，結晶構造の詳細なデータを解析するにあたり，用途に応じて管球を使い分ける場合があるためである．一般的に単結晶 X 線回折装置では Mo，粉末 X 線回折装置では Cu が管球として用いられている．単結晶 X 線回折装置を用いて天然有機物や生体分子のような軽元素から構成される物質を構造解析する場合，Mo の特性 X 線波長が短い（Kα 線：0.71 Å）ため，精度のよい解析はできない．このような場合はより長波長の Cu 管球（Kα 線：1.54 Å）に変更することで，高角度までデータを回収でき，角度分解能も向上するため，Mo 管球を用いるより優れた結果が得られる可能性がある．粉末 X 線回折装置においても同様に，角度分解能を向上させるのであれば Cu より特性 X 線波長の長い Fe, Co, Cr などに置き換えればよい．ただし，測定対象に含まれる元素と

図 5.3　X 線管球の外観および断面概略図

管球の対陰極の組合せによっては回折パターンが現れないことがあり，その場合には管球の変更を検討する必要がある．

b. 放射線発生装置取扱い上の注意事項

放射線発生装置での事故は多くの場合，外部被曝である．この原因としては，インターロック機能と警報・表示装置の不備や故障である．

(1) インターロック

実効線量当量・組織線量当量の目標値を超える場所への立入り防止と，場所ごとに定められた線量率限度を超えるような運転操作を防止するために，インターロック機能がある．放射線発生装置設置室では，人が通常出入りする出入り口にはインターロックを設け，人が常時出入りしない出口の扉は室外からは開閉できないようにしてある．

また，誤って人が室内に閉じ込められた場合には，直ちに脱出できるような措置を講じておくことが法令で義務づけられている．

インターロックを人が解除したために被曝したという事故（人為事故）は，これまでに多く見られる．

インターロック故障対策としては以下のようなものが挙げられる．

① 結露，ゴミ，さびなどによりインターロックが故障したときを想定して，インターロック系の作動説明書と回路図などを常備する．
② 修理後は直ちに正常に動作するかを確認するとともに，故障の原因などを詳細に記録しておく．

(2) 警報装置

放射線発生装置設置室の一般出入り口には，放射線発生の有無を自動表示することが法令で義務づけられている．その他，「準備中」，「停止中」などを確実に関係者に知らせるための設備がある．

これまでに被曝事故の原因として報告されているものは以下のとおりである．

① 放射線の発生を表示する標識灯や，異常な放射線レベルであることを警告・明示する警戒灯が故障していた．
② 暗すぎたり直射日光が当たったりして判別しにくかった．
③ 取付け位置が適切でなく判別しにくかった．
④ 警告ブザーやベルなどの音響機器や，放射線モニタまたはモニタテレビなどの監視装置が設置されていなかった．あるいは，故障したりスイッチがオフになっていたりした．

(3) 放射線損傷

照射室内部の電気回路部品は，放射線に曝露されることにより絶縁体の抵抗値の低下，絶縁不良，電子回路部品の性能低下などを生じて，動作不良になることがある．

(4) ナロービームの漏洩

ビームシャッタやコリメータなどの可動性機構の周辺には，強くて細い直接漏洩ビームやパルス性の漏洩ビームがきわめて狭いすき間などから放出されること（ナロービーム）があるが，これらは見落とされることが多く，正確な測定は困難である．

第5章　放射性核種と放射線

5.7 放射線被曝に対する防護

a. 外部被曝に対する防護（図 5.4）

体外にある線源からの被曝を**外部（体外）被曝**という．外部被曝で考慮しなければならないのは，γ（X）線，中性子線，強 β 線などを取り扱うときであり，以下に示すような 3 原則がある．

(1) 線源との間に距離をとる（remote control）

点状線源からの放射線の強さ（線量率）は距離の 2 乗に反比例して減弱する．点状線源の強さを Io とすると，線源からの距離 r での線量率は以下のようになる．

$$I = Io/r^2$$

(2) 作業時間を短くする（time control）

一定線量率（R）の作業場で人が作業時間（t）に被曝する線量（集積線量 A）は以下のようになる．

$$A = R \times t$$

(3) 線源との間に遮蔽物を置く（shielding）

距離や時間を制御することにより作業者の被曝線量を少なくする方法は実際の放射線作業では限界があることから，遮蔽によっても線量を制御する必要がある．

γ（X）線は一般に透過力が大きく，遮蔽材として高密度の鉛，鉄，コンクリートなどが用いられる．厚さが x cm，線減弱係数 μ の遮蔽材に強度（線量率）Io の γ 線が入射した場合，透過後の強度 I は以下のようになる．

$$I = Io \times e^{-\mu x}$$

エネルギーの低い β 線は α 線と同様に透過力が小さく，ガラス，プラスチック，アクリル板などで十分遮蔽できる．しかし，^{32}P などはエネルギーの大きい強 β 線（1.71 MeV）を放出するため，β 線自身および制動 X 線に対する遮蔽を考慮する必要がある．制動 X 線が発生する確率は周囲に存在する物質の原子番号の 2 乗と β 線のエネルギーの積に比例することから，強 β 線の遮蔽にあたっては，まず線源の周囲をプラスチックなどの低原子番号からなる遮蔽材で覆い，制動放射をできるだけ

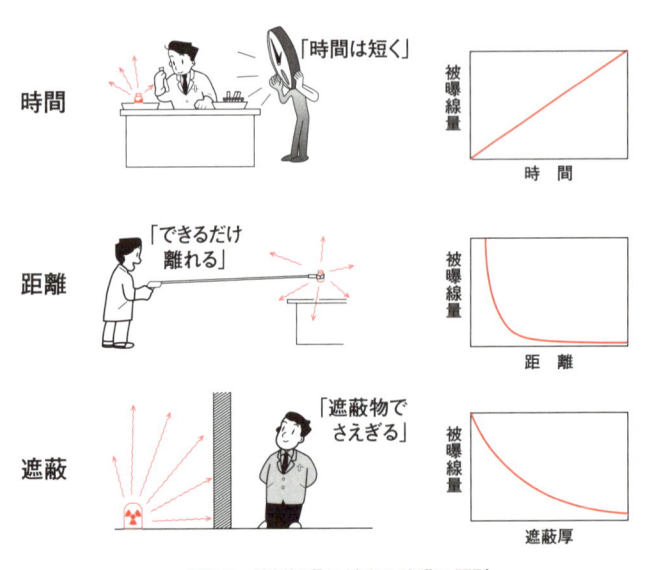

図 5.4　外部被曝に対する防護 3 原則

抑え，さらに外側を鉛やコンクリートで遮蔽すると効果的である．

b. 内部被曝に対する防護

体内に取り込まれた放射線源からの被曝を**内部（体内）被曝**という．内部被曝による生体影響は外部被曝と基本的には同一であるが，次のような特徴があり，対策がとられる必要がある．

(1) RI の組織集積性と決定器官

体内での放射線源となる放射性物質は，主として**経気道，経口，経皮**の3経路で体内に摂取されるが，その後，体内組織に均一に分布する場合と特定組織に集積する場合がある．後者の場合には，標的器官となる組織，あるいはその周囲に存在し放射線に対する感受性が高い組織が身体的障害の原因となることが多い．この際，身体的障害の主な原因となる臓器，組織を**決定器官**あるいは**決定組織**という．決定器官は放射性物質の核種により異なる．障害という観点から問題となる主なものを**表 5.3**に挙げる．また，同一核種であっても物理的性状，化学的性状，あるいは体内摂取経路によって決定器官が異なる場合がある．

(2) RI の排泄と有効半減期

体内に取り込まれた放射性物質からの放射能は，核種の壊変，物質の代謝，排泄により減少する．この放射能が半分になるまでに要する時間は**有効半減期**（または**実効半減期**，Te）と呼ばれ，**物理的半減期**（Tp）と**生物学的半減期**（Tb）が関与し，Te，Tp，Tb 間に次の関係式が成り立つ．

$$\frac{1}{Te} = \frac{1}{Tp} + \frac{1}{Tb} \quad \text{または} \quad Te = \frac{Tp \times Tb}{Tp + Tb}$$

なお，生物学的半減期は，同一核種であってもその物理的・化学的性状により異なることがある．

(3) 体内に取り込まれた非密封線源の除去

体内に摂取された RI はできるだけ早く取り除く必要があるが，その経路や核種により，また同一核種でもその化学形などにより除去法が著しく異なることから，その状況に応じた措置をとる必要がある．例えば，

① RI を飲み込んだ場合には，直ちに口を水ですすぎ洗浄する．
② ガス状 RI を吸入した場合には，できるだけ早期に新鮮な空気を吸入し換気する．
③ 胃に到達したと思われる場合には，速やかに胃の洗浄を行い，消化管からの吸収を抑制するための措置をとる．
④ 体内に取り込まれた RI の除去法としては，通常，同種または同族非放射性元素／化学物の大

表5.3 放射性核種の決定組織と半減期

核　種	決定組織	物理的半減期	生物学的半減期	有効半減期
^{3}H	全身	12 年	12 日	12 日
^{14}C	全身	5700 年	40 日	40 日
^{32}P	骨	14 年	1155 日	14 日
^{59}Fe	脾臓	45 日	600 日	42 日
^{90}Sr	骨	29 年	50 年	18 年
^{131}I	甲状腺	8 日	138 日	8 日
^{137}Cs	筋肉	30 年	70 日	70 日
^{226}Ra	骨	1600 年	45 年	44 年

量投与が原則であるが，大きな効果は期待できない．
^{90}Sr，^{226}Ra，^{239}Pu などは**向骨性元素**と呼ばれ，骨に蓄積し長い年月にわたり留まる．これら金属性核種に対しては，EDTA（エチレンジアミン四酢酸）などのキレート剤の投与が行われる．

5.8 放射線の生体影響

a. 直接作用と間接作用

放射線が生体内の標的分子に直接当たり，これを電離または励起することにより，何らかの作用を及ぼす場合を**直接作用**という．一方，放射線が水分子の解離または励起の結果，生成されたフリーラジカルを介して生体内標的分子に作用する場合，この作用を**間接作用**と呼ぶ（図 5.5）．前者は α 線，中性子線，重粒子線など（高 LET 線に分類）で，後者は，X 線，γ 線あるいは β 線など（低 LET 線に分類）で起こりやすい．

b. 細胞に対する影響

生体に対する放射線の作用を理解するためには，これを構成する細胞に対する作用を理解する必要がある．

(1) 細胞周期

細胞はある一定の周期で分裂し 2 つに分かれる．これを細胞周期といい，次の過程からなる．

G1 期：細胞分裂が完全に終了し，次の分裂に必要な DNA 合成が始まるまでの期間．また，この期間中細胞周期が停止状態となり，長い間分裂を起こさない状態は G0 期と呼ばれる．

S 期：G1 期のあとに続く，細胞分裂に先立って，DNA 合成が行われる期間．DNA 量が 2 倍になると合成は停止する．

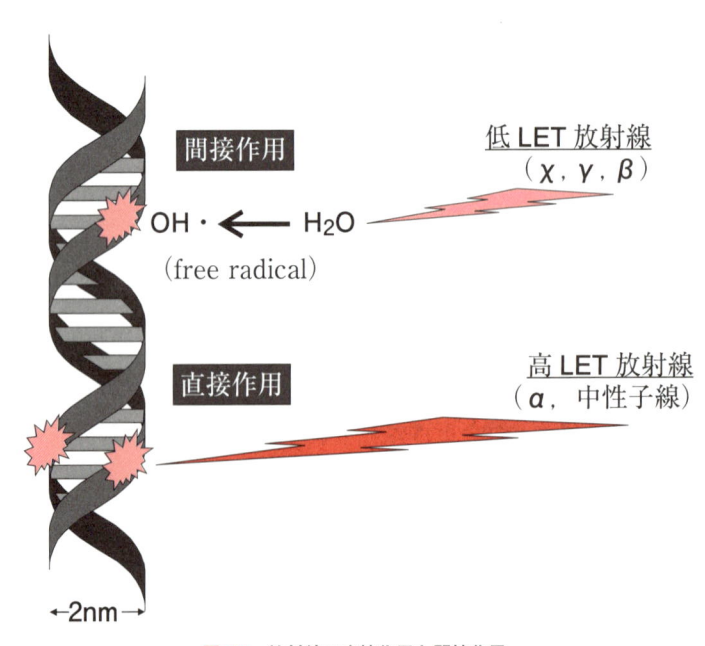

図 5.5　放射線の直接作用と間接作用

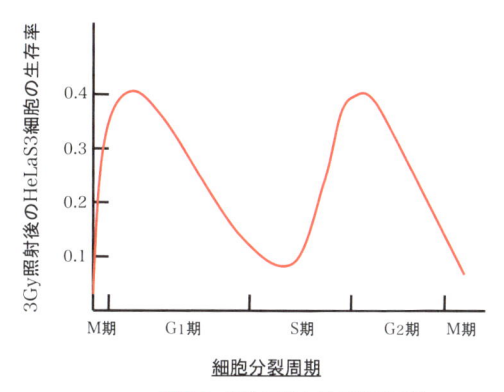

図 5.6 細胞周期と放射線感受性
Terashima and Tolmach（1963）より．

G2 期：S 期に続き，細胞分裂に必要なタンパク質が合成される時期．
M 期：細胞分裂が行われる時期．

(2) 放射線感受性と細胞周期

細胞の放射線に対する感受性は分裂周期により異なり，M 期は放射線感受性が最も高く，G1 初期から中期にかけ一度低下する．G1 後期から S 期にかけて再び感受性が高くなる．S 期に入ると再び感受性は低下し，この状態が G2 期まで続く（図 5.6）．なお，G0 期は感受性が低い．

c. 個体への影響

(1) ベルゴニエ・トリボンドーの法則

ベルゴニエと**トリボンドー**（Bergonieand, J. and Tribondeau, L., 1904）はラット精巣に ^{226}Ra からの γ 線を照射し，分化過程での生殖細胞に対する放射線の影響を検討し，以下の 3 つの法則を導いた．

① 分裂頻度（新生能力）の高い細胞ほど放射線感受性が高い．
② 将来分裂能の大きい（細胞分裂過程の長い）細胞ほど放射線感受性が高い．
③ 形態・機能の未分化な細胞ほど放射線感受性が高い．

この結果，未分化で細胞分裂が盛んな細胞は感受性が高いと結論づけられる．多くの細胞はこの法則に当てはまるが，リンパ球は例外で，分裂能はほとんどないが放射線に対する感受性は高い．

(2) 各種組織の放射線感受性

各組織の放射線感受性をおおまかに分類すると表 5.4 のようになる．各組織は放射線を受けると機能的障害と形態学的障害を生ずる．一般的に機能的障害のほうが起こりやすいが，この障害は回復可

表 5.4 各組織の放射線感受性

放射線感受性	組　織
高い	リンパ組織，造血組織，生殖腺，腸上皮，発育中の胎児，水晶体
やや高い	口腔粘膜，毛根ろ胞，膀胱上皮，皮膚上皮，汗腺，唾液腺，毛細管上皮
中程度	脳，脊髄，肺，肝臓，胆嚢，腎臓，胸膜
やや低い	甲状腺，膵臓，関節，軟骨
低い	筋肉，神経組織，脂肪組織，結合組織

d. 身体的影響
(1) 急性放射線死
　放射線の急性障害の最も激しいものは**急性放射線死**である．マウスに全身照射した場合の線量と死に至る時間は図 5.7 に示すとおりである．

(2) 急性放射線症
　半致死線量～致死線量の放射線を全身に受けた場合に見られる急性放射線症は以下のとおりである．

<u>前駆期</u>：被曝後数時間以内には，吐き気，嘔吐などの放射線宿酔，精神不安などの自覚症状が現れるが，外見上は何ら顕著な変化は見られない．

<u>潜伏期</u>：初期に現れた症状は回復するが，リンパ球の減少などの血液変化が出現し，数日～10日間ほど続く．

<u>発症期</u>：潜伏期が過ぎると，食欲減退，下痢，皮膚の紅斑，内出血，発熱，菌血症などの重篤な症状を呈するようになり，死に至ることもある（10日～数週）．

<u>回復期</u>：発症期を通過すると次第に回復する（数ヶ月以上）．しかし，晩発性障害が発生する可能性はある．

(3) 晩発性障害
　放射線照射を受けた個体が，その被曝時には症状が発現しない場合，または急性放射線症が発現したが，その症状が治癒したあと，数ヶ月～数十年後に症状が現れる場合を**晩発性障害**という．また，低線量率で長期間被曝した場合，あるいは線量が少ないために顕著な早期症状が見られなかったものでも晩発性障害を発生することがある．この障害としては，**発ガン**，**寿命の短縮**，**再生不良性貧血**，**白内障**などが挙げられる．

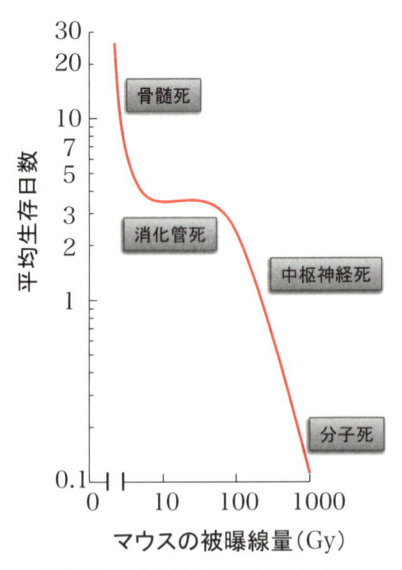

図 5.7　マウスにおける急性放射線死

(4) 胎内被曝

胎児期は受精卵が細胞分裂を繰り返して増殖し，個々の組織・器官に分化し，さらに1個の個体へと成長する過程である．一般にこの時期は放射線感受性は高いが，被曝の時期により障害の現れ方は異なる．通常，受精後〜出生まで次の3つの時期に分けられる．マウスで実験したところ，各時期の被曝による障害は以下のとおりである．

① 着床前期（ヒトでは受精〜10日）

受精後，直ちに細胞分裂が始まり，この時期は放射線感受性がきわめて高い．比較的低い線量（0.1 Gy以上）の被曝でも胚は死亡する（流産）確率が高い．

② 器官形成期（ヒトでは受精後2〜8週）

神経，その他の器官が形成される時期である．一部の細胞は死滅するが，胚は生き残る．特に神経系，目，あるいは骨の障害が多く，小頭症，知恵遅れ，骨の発育不全などを伴う奇形が発生する．

③ 胎児期（ヒトでは8週〜出生）

この時期になると放射線感受性はしだいに低下するが，成人よりは大きい．生まれた子どもに外見上の異常は見られないが，1 Gy以上の被曝では発育遅延，寿命の短縮，白血病，発ガンなどの晩発性障害が現れることがある．このうち白血病の発生が最も多いとされている．

以上のようなマウスでの実験結果から明らかなように，妊娠中の胎児（ヒト）は少量の放射線被曝によっても種々の障害を生ずる可能性があるため，妊娠が疑われる婦人は腹部の被曝を避けるべきである．

5.9 日本における放射線規制法令

日本では，放射線やRIなどの使用・販売・廃棄その他の取扱い，放射線や放射線発生装置の使用および放射性物質によって汚染された物の廃棄などに関し，法令を定めて規制している．放射線の障害防止に関係のある主な法令は**表5.5**に示すとおりで，数々の省庁にわたり様々な規制がある．ここでは，大学や研究所で実験研究に放射線や放射性物質を利用する場合の法規制である「放射性同位元素等による放射線障害の防止に関する法律（障防法）」と，労働安全衛生法に基づく「電離放射線障害防止規則（電離則）」の概略を述べる．

a. 放射性同位元素等による放射線障害の防止に関する法律（障防法）

障防法は文部科学省が所管している法律で，主な規定項目を以下に挙げる．

(1) 放射線取扱主任者

放射線などを取り扱う事業所の代表者（法人格を有する経営の責任者，理事長，所長など）に対し様々な義務や制約を課し，これらが誠実に遵守，履行されているかどうかを監督させるために，事業所ごとに**放射線取扱主任者**（**主任者**）を選任させて，その任にあたらせることとしている．

(2) 放射線障害予防規程

放射線やRIの利用の範囲や形態が複雑多岐にわたる放射性物質などの規制をすべて障防法に盛り込むことは不可能であるため，細部の規制は各事業所の実情に即した具体的内容を事業所ごとに**放射線障害予防規程**（**予防規程**）の中に規定し，届け出ることを義務づけている．

第 5 章 放射性核種と放射線

表 5.5 放射線の障害防止に関係のある主な法令

法 規	行政官庁	規制対象
(1) 放射性同位元素等による放射線障害の防止に関する法律，同施行令，同施行規則，告示「(障防法)」	文部科学省	・放射性同位元素の使用，販売，廃棄，その他の取扱い（詰替え，保管，運搬，譲渡，譲受，所持など） ・放射線発生装置の使用 ・放射性同位元素によって汚染された物の廃棄，その他の取扱い（詰替え，保管，運搬など）
(2) 原子力基本法	文部科学省	・核燃料，核原料物質の所有，譲渡，輸入，使用など
(3) 薬事法施行令，放射性医薬品製造規則，薬局等構造設備規則，同告示	厚生労働省	・放射性医薬品の製造，管理販売など
(4) 医療法，同施行規則	厚生労働省	・放射性医薬品などの使用
(5) 労働安全衛生法に基づく電離放射線障害防止規則	厚生労働省	・X 線などの使用
(6) 作業環境測定法，同施行令，同施行規則，作業環境測定士規定	厚生労働省	・作業環境の測定事項，作業環境測定士の資格，登録など
(7) 放射性物質車両運搬規則，危険物船舶運送および貯蔵規則，航空法施行規則，同告示	国土交通省	・放射性同位元素等の運搬
(8) 消防法に基づく火災予防条例	地方自治体（都道府県）	・火災に関わる事項
(9) 人事院規則	人事院	・国家公務員を対象としたX 線などの使用に関する事項
(10) その他 建築基準法，船員電離放射線障害防止規則（国土交通省） 計量法関係法令，金属鉱山等保安規則（経済産業省）		

(3) 放射線業務従事者

教育研究において放射線を用いる場合，法令で定められた教育訓練および健康診断を受けたのちに管理責任者から許可を受け，初めて放射線を取り扱うことができる者を**放射線業務従事者**と定義している．

(4) 教育訓練

放射線業務従事者には，初めて放射線を取り扱う前，および取り扱ってから 1 年を超えない期間ごとに，規定された項目および時間数で教育訓練を実施することを義務づけている．

(5) 健康診断

事業主は放射線業務従事者に対して，放射線施設に立ち入る前，また RI 使用開始後は放射線障害早期発見のために健康診断を行うこととしている．さらに，以下に示すような事故の際には，速やかに必要事項について健康診断を行わなければならないとしている．

① RI を誤って飲み込んだ，または吸い込んだとき
② RI により表面汚染密度限度を超えて皮膚が汚染され，その汚染を容易に除去することができないとき
③ RI により皮膚の創傷面が汚染された恐れのあるとき
④ 放射線業務従事者が実効線量限度または等価線量限度を超えて放射線に被曝した，または被曝した恐れのあるとき
⑤ その他，医師や主任者が必要と認めたとき

b. 電離放射線障害防止規則（電離則）

厚生労働省が所管する労働安全衛生法に「電離放射線障害防止規則（電離則）」がある．この電離

則は作業者の安全を守り，労働災害を未然に防ぐことを目的としている．規制対象は障防法とほぼ同じであるが，X線に関しては障防法と異なるため注意が必要である．すなわち，障防法では規制対象外となっているエネルギー1 MeV未満のX線についても電離則では規制対象となっているため，教育研究で用いるX線回折装置などもこの法令の規制を受けることとなる．

電離則の概要

電離則は労働安全衛生の観点から制定された法令であるため，作業者の安全を守ることが大前提となっている．電離則に記載されている項目を以下に示す．

①管理区域ならびに線量の限度および測定，②外部放射線の防護，③汚染防止，④作業管理，⑤緊急措置，⑥教育訓練（特別の教育），⑦作業環境測定，⑧健康診断

電離則も放射線障害防止を精神としているため内容は障防法とほぼ同じであるが，障防法と比べ，より業務に即した透過写真撮影などのX線やγ線利用について詳細に記載されている．

■文　献

Terashima, T. and Tolmach, L. J. (1963) Variations in several responses of HeLa cells to X-irradiation during the division cycle. *Biophys. J.*, **3**: 11-33.

6 実験室での器具の取扱い

6.1 ガラス器具

　化学実験中の負傷事故のうちガラスによるケガは約7割を占める．したがって，ガラス器具を丁寧に注意深く取り扱えば，化学実験中におけるほとんどの危険を取り去ることができる．

　ガラス器具は透明で内部を観察しやすく，ほとんどの薬品に侵されにくいので，化学実験では常用される器具類である．しかし衝撃に弱く，破砕により鋭利な破断面を露出させることから，注意深い取扱いが欠かせない．

　この節では，ガラス器具の取扱いとガラス細工について述べる．

a. ガラス器具の取扱い
(1) 実験を始める前に

　実験で使用するガラス器具は，使用する前にヒビや割れがないか，よく観察して点検しなければならない．特に，フラスコ類には衝撃により星形の細かいヒビが入ることが多く，加熱により破裂する原因になりやすいので，念入りに点検しなければならない．このような小さな傷は，ガラス器具を明かりに透かすと見つけやすいことが多い．傷がついたガラス器具は使用を停止し，補修が可能であれば補修してから使用する．補修できないような傷があれば，傷に注意して洗浄してからガラス廃棄物として処分する．

　ガラス器具の傷のほとんどは，フラスコ類の壁や底部，ビーカーやフラスコの縁部，冷却器の脚部や冷却水の出入り口にできる．これらの部位の欠損や破損には特に注意が必要である．

(2) 実験装置の組立て

　蒸留装置や還流装置など，背が高くて倒れやすい装置をガラス器具で組み上げるときは，まず，最も低い位置に置くガラス器具の高さを基準として，それぞれのガラス器具の位置を決める．次に，すべてのガラス器具の位置が決まってから，クランプのネジを締めてしっかりと固定するようにする．ゴム栓を使ってガラス器具を接続するときには，ゴム栓をしっかりとガラス器具にはめ込む．このとき，ゴム栓の上端からおよそ3分の1の位置でしっかりとはめ込む大きさのゴム栓が最適である．一方，摺合せのガラス器具を接続するときには，必要に応じて摺合せ部にシリコーングリスやワセリンを塗り，摺合せ部をはめ込んだあとに接合部をクランプで固定する．この手順に従わずにガラス器具を組み上げると，装置の一部に力の負担がかかり，ひずみのためにガラス器具が破損する原因となるので注意を要する．

（3） 実験が終わったら

　実験が終わったとき，あるいは，実験が一段落ついたところで，ガラス器具を洗浄し汚れを落としておかなければならない．

　水溶性の汚れは水洗いだけでよい．酸，アルカリあるいは塩類などを使った場合の汚れはブラシでこすり洗いしたあと，水で5～6回洗えば汚れが落ちる．このとき，多量の水で1～2回すすぐよりも，少量の水で5～6回洗ったほうが効果的である．

　洗い終わったガラス器具は，よく水をきってから乾燥器に入れて乾燥させる．メスフラスコ，メスシリンダ，メスピペット，ピクノメータなど，測容のガラス器具を加熱してはいけないので，メタノールやアセトンなどの比較的沸点の低い有機溶媒で数回すすいでから風乾する．

　ガラス器具を急いで乾燥させるときは，メタノールやアセトンなどで数回すすぎ，それらの溶媒を回収瓶に回収したのち，ドライヤーなどで加熱しながら吸引乾燥するとよい．

　水洗いで落ちにくい汚れはブラシにクレンザーをつけて入念に洗う．水洗いしたのち，壁面に水が切れ目なく広がっていれば，きれいになった証拠と考えてよい．この状態になったら，イオン交換水ですすぐ．

　油溶性物質など汚れの落ちにくい容器の場合には，界面活性剤を含む市販の洗浄液（非イオン系やアニオン系の活性剤を配合したもの）を使って洗う．従来はクロム酸混液（重クロム酸と濃硫酸との混合液）が多用されたが，クロム（Ⅲ）やクロム（Ⅵ）イオンの処理が面倒なこと，また，取扱いが危険なことから，現在では使用されない．また，水酸化ナトリウムのイソプロピルアルコール溶液も洗浄剤として用いられるが，取扱いに際し必ず保護メガネと手袋を保護具として用いる必要がある．

　その他，フラスコ内面にこびりついた鉄さびや，硫黄，ヨウ素，炭酸カルシウムなどは，化学反応を利用した洗浄方法が知られているので，適宜応用されたい．

b．ガラス細工
（1） ガラス細工の一般的な注意

　細工を施しているガラスは非常に高温になるので，特に気を配らなければならない．ガラスは一見しただけでは温度がわからないので，不用意にさわると重篤なヤケドを負う危険がある．

　ガラス細工をするときは，周囲に可燃性のものがないことを確認してから，耐熱性のセラミック板などを準備する．また，ガラスの種類によっては加熱により紫外線を発するものがあるので，サングラスなど，紫外線から目を保護する防具を身につけなければならない．さらに，必要に応じて耐熱性の手袋などを着用する必要がある．

　ガラス細工のときはいうまでもなく，高温の乾燥器で乾燥したガラス器具を扱うときは，耐熱性の手袋を着用する．

（2） ガラス管の取扱い

　ガラス管が破損する事故は，ガラス管をゴム栓に差し込むとき（あるいはゴム栓から抜くとき）に最も起こりやすい．ゴム栓の穴に無理矢理ガラス管を差し込むと，力のひずみがかかりガラス管が折れて鋭利な切断面を作る．それが手のひらに突き刺さったり，指の腱を切断したりするという重症の事故が頻繁に見られる．

　まず，差し込むガラス管の太さとゴム栓の穴の大きさが一致していることを確認しなければならな

い．その後，次のような方法で，安全に操作することができる．

① ガラス管を親指，人差し指，中指の3本の指で持つ．
② ガラス管とゴム栓を持つ手は，できるだけ近づける（手と手の間隔は1 cm 程度）．
③ ガラス管は，握り締めるのではなく，指で支えるようにして，ゆっくりとゴム栓を回転させながらゴム栓の穴に挿入する．
④ ガラス管が入りにくいときは，ゴム栓の穴とガラス管の先端を水やアルコールなどで湿らせる．

ガラス管を抜くときは，差し込むときと同様に，できるだけ近い位置でガラス管とゴム栓を持ち，ゆっくりと回転させて引き抜くようにすれば，安全に操作できる．抜けにくいときは，差し込むときと同じように，ゴム栓とガラス管とのすき間に水を染み込ませるとよい．

ゴム栓が古くなっていたり変質していたりしてガラス管に固着し抜けないときや，ガラス管が割れていたり短くて持てないときは廃棄する．無理に引き抜こうとすると大ケガの原因になる．

ゴム栓とガラス管を操作するときは，ケブラー手袋などのアラミド繊維で作った手袋を着用すると，ガラス管の破損によるケガを起こりにくくすることができる．

6.2 加熱器具・加圧器具

a. 加熱器具

実験室において加熱に使用される器具は，炎などにより直接加熱するものと，水，空気，電磁波などにより間接的に加熱するものに大別される．加熱器具を使用する際は，ヤケドなどに十分注意する．

(1) 火により直接加熱するもの

① アルコールランプ，トーチ：火による直接加熱を行う場合，近くに引火性のものがないことを確認する必要がある．有機溶媒は一般に引火性が強いので，火を使う場合は注意が必要である．
また，衣服に引火する危険性があるので，服装にも注意する．

火による直接加熱機器で最もなじみがあり，代表的なものはアルコールランプである．アルコールランプを使用する場合は，点火の際の爆発を防ぐために，ランプ内の気化したアルコールを逃がす必要がある．また，使用中は転倒しないように注意する．

アルコールの燃焼火炎は目に見えにくいので，漏れたアルコールに引火することのないように取り扱う．最近は，転倒してもアルコールの流出や容器の破損がないアルコールランプ（トーチ）も発売されている．

② ガスコンロ，バーナー：通常の都市ガスを使用するバーナーも一般的に加熱に使用される．アルコールランプと同様にビーカーなどの加熱に用いられる．ガス供給用のゴムホースがあるので，使用中に引っかけたり引火したりしないように注意する．点火の際は，少量のガスを出しながら，ライターやマッチなどで点火する．何らかの事故で火が消えた際は，慌てずにコックを閉鎖すればよい．ガスが出続けると引火・爆発の危険性があるので注意すること．都市ガスには漏洩時対策のために臭い物質が添加されているので，異臭の有無の確認も，事故防止に有効である．

ガラス細工に使用するバーナーには，ガスの供給ホースのほかに，酸素などの支燃性ガスのホースがあるので，ホースの配置には注意を要する．使用の際は，支燃性ガスのコックは閉じておき，初めにガスを点火し，その後にゆっくりと支燃性ガスのコックを開けて火力を調節する．この際，ガスの火を吹き消してしまうことがあるが，慌てずにガス・支燃性ガスのコックを閉めればよい．

家庭用のカセットガスボンベを使用した，化学実験用に設計された火口を使用しているコンロもある．アルコールランプのような一点加熱で，ガスバーナーと同等の強い火力が得られる．簡便であるが，ボンベに熱がこもると爆発の危険性があるので，注意する必要がある（通常は気化熱によりボンベは冷却されるので，問題はない）．

可搬性の高いトーチも各種あるが，化学実験に使用することはまれであるので割愛する．

(2) 間接加熱するもの

間接加熱を行うものには，①接触により加熱を行う器具，②熱媒体を介して加熱を行う器具および，③電磁波や赤外線を介して加熱を行う器具がある．

① 接触により加熱を行うもの：代表的なものは，ホットプレート，マントルヒータ，リボンヒータ，カートリッジヒータなどである．いずれも加熱状態が目視では判断できないので，過剰加熱，空焚きに注意し，不用意に触れてはならない．また，水などがかかると漏電・感電の危険性がある．動作媒体を使用しないので終夜運転などに利用されるが，無人で運転を行うときには過昇温防止器などと併用することを推奨する．

② 熱媒体を介して加熱を行うもの：代表的なものに，ドライバス，投込み型ヒーター，循環式恒温水槽，恒温油槽などがある．熱媒体を介して加熱を行うため，熱媒体がないと空運転となり，過熱・発火の危険があるので注意を要する．恒温油槽を用いる場合は，使用する温度域に適した油を選択する．

③ 電磁波や赤外線を介して加熱を行うもの：電気炉，赤外線ゴールドイメージ炉，電磁加熱器などがある．電磁波を出したり，大電力を要したりする場合が多いので，適切に電源をとり，アースを設置することが必要である．

b. 加圧器具

化学実験において減圧するための機器は多数あるが，加圧のための機器は少なく，また使用機会も多くない．最もよく目にするのは手動のホットプレス装置であるが，機械式のものもある．油圧で作動するものが多いが空気で作動するものもある．また，圧力範囲は機種によって様々である．

使用にあたっては，手などを挟まないように注意する．また，加圧・加熱によって爆発の危険性がある場合は，装置の周囲を加工するなどの処置を行うとともに，適切な防護器具（保護メガネ，手袋，作業着）を着用すること．

6.3 真空装置

a. 真空機器と真空ライン

化学実験に用いられる真空機器は，真空系（**真空ライン**）と排気系（**ポンプ**）とからなる．真空ラインとは，肉厚のゴム管とガラス管など，減圧してもそれ自身がつぶれないほどの堅さを持つものを指す．排気系には種々のポンプが用いられるが，真空ポンプには様々なタイプのものがあり，それぞれ到達真空度が異なるので，用途に応じて真空ポンプを使い分けるのが望ましい．

(1) 真空ポンプ

真空ポンプには，到達真空度の違いによって種々存在し，必要とする真空度に応じて使い分ける必要がある．**表 6.1** に真空ポンプの種類と到達真空度を示す．

表 6.1 真空ポンプの種類と到達真空度

ポンプの種類	到達真空度 [mmHg]	到達真空度 [Pa]
水流ポンプ（アスピレータ）	10（冬季）/25（夏季）	1.3×10^3（冬季）/3.3×10^3（夏季）
ダイアフラム式真空ポンプ	100〜2	$1.3 \times 10^4 \sim 2.7 \times 10^2$
回転ポンプ（ロータリーポンプ）	0.1〜0.001	$1.3 \times 10^1 \sim 1.3 \times 10^{-1}$
拡散ポンプ（ディフュージョンポンプ）	$10^{-5} \sim 10^{-9}$	$1.3 \times 10^{-3} \sim 1.3 \times 10^{-7}$
ターボ分子ポンプ	10^{-10}	1.3×10^{-8}

化学同人（2007）を改変．

(2) 水流ポンプ

水流ポンプはガラス製のもののほか，金属製のものなどが市販されており，ろ過や減圧に広く用いられている．水道水を流し続けるため毎分十数 L の水を消費する．節水のため，水を循環させて用いる電動式水流アスピレータがある．

(3) ダイアフラム式真空ポンプ

ダイアフラムとは横隔膜などと訳される．ダイアフラム式真空ポンプは往復動ポンプに分類され，可動膜がふくらむ過程が吸入工程，可動膜が縮む過程が吐出工程となる動作を繰り返し起こして減圧するポンプである．吸入口，吐出口それぞれに弁がついており，逆流を防ぐ構造になっている．テフロンコーティングされているポンプは，溶媒蒸気での劣化が抑制できる点で望ましい．使用後は，溶媒蒸気を除くために空引きをしたほうがよい．

(4) 回転ポンプ

実験室で使われる回転ポンプは**油回転ポンプ**が一般的である．油回転ポンプは，油の入った容器内で回転子を回転させて排気する．油が，回転子の潤滑と真空系のシール材の 2 つの役割をしている．減圧下で回転ポンプの回転が止まると油は真空系に逆流し，真空ラインを汚染する．したがって運転を終えたら吸気側を大気圧に戻し，逆流を防ぐ必要がある．停電の場合も同様である．

(5) 拡散ポンプ

拡散ポンプでは，加熱オイルから発生する蒸気が，ジェットと呼ばれるノズルから下方に向け超音速流で噴出するときに気体分子に運動量を与えて排気する．噴出したオイル蒸気は冷却して液体に戻し回収する．本装置は，空気存在下で加熱することによる油の劣化を防ぐ必要があり，さらに，油蒸気がノズルから勢いよく吹き出すのを防ぐために事前に回転ポンプで減圧することが求められる．

(6) ターボ分子ポンプ

本体に取りつけられた固定翼と 1 分間に数万回転もの高速回転をする動翼とを組合せ気体分子を排気側へと送るポンプである．表 6.1 に示したように，ポンプの中では非常に真空度が高いポンプである．しかし構造上，大量に気体がある状態での作動は困難であり，油回転ポンプのように一次排気する補助ポンプが必要となる．真空蒸着，スパッタ，あるいは走査型電子顕微鏡，透過型電子顕微鏡，質量分析装置などの真空応用機器に装備されている．

b. 寒剤

真空ポンプにより溶媒蒸気の除去を行う場合，真空ラインの一部にトラップを備え，トラップを寒

剤で冷やして溶媒蒸気を捕捉，液化（または固化）して回収する必要がある．トラップをつけないと溶媒蒸気がポンプ内に入り，例えば油回転ポンプではポンプ油の汚染と真空度の低下を引き起こすだけでなく，場合によってはポンプそのものの故障を引き起こす．

　一般に寒剤として使われているのは，**ドライアイス**（昇華温度 194.65 K（-78.5℃）），**液体窒素**（沸点 77 K（-196℃）），**液体ヘリウム**（沸点 4.2 K（-269℃））である．どのガスも相変化により大量の気体が発生する．これらの気体は無毒であるものの窒息の恐れがあるため，実験室の換気は欠かせない．これらの寒剤を**魔法瓶**（デュワー瓶）に入れて用いる．液体窒素の入った魔法瓶に密閉されていないトラップ，あるいは容器が入っていると，空気中の酸素が優先的に液化する．これは酸素の液化温度は 90 K（-183℃）であり窒素の沸点よりも 13℃ 高いためである．液化した酸素は有機物との接触で爆発的な反応が起こる可能性があるため，液体窒素に入れるトラップや容器は密閉系になっていることが求められる．

6.4 レーザー

a. レーザーとは？

　レーザーは誘導放出を利用した光増幅デバイスであり，通常の光源と比べて非常に高いエネルギーを有する．そのため，レーザー光が人体に照射されると失明・ヤケドなどの危険があり，また波長によってはその照射により火事などの危険性も生じる．定常光レーザーであっても数 mW～数 W，パルスレーザーでは数 kW～数 GW の出力エネルギーがある．したがってレーザーを取り扱う際には，取扱いに関する規則，注意事項を遵守することが重要となる．

b. レーザーの持つ危険性

(1) 感電および漏電の危険性

　一例を挙げると，数 W 出力のアルゴンレーザーでは，数 100 V の電圧で 20～40 A の大電流が流れる．したがって電源容量も非常に大きくなるため，ほかの高電圧作動機器と同様に感電あるいは漏電に注意する必要がある．ただし安全に配慮して設計されているため，取扱い要領に従って正しく使用すれば，基本的に問題は生じない．

(2) 皮膚や目に対する傷害

　レーザー光は，そのきわめて高い指向性のため大きなエネルギー密度を有しており，皮膚や目に傷害を与える危険性がある．特に目の保護には細心の注意を払う必要がある．レーザー光が直接目に入ると，水晶体で集光され網膜上に焦点を結ぶ．したがって，網膜上に大きなエネルギーが集約されてしまうので，出力によっては視神経焼損や失明といった恐れも出てくる．

　さらに，出力が 1 W を超えるレーザーを皮膚に照射されるとヤケドを負うこともあるので注意が必要である．

c. レーザーの安全基準とクラス分類

　レーザーの安全に関する規格・法規としては，日本では以下の 2 つのものがある．
・労働省労働基準局長通達「レーザー光線による傷害の防止について」
・日本工業規格 JIS C 6802（1988 年 11 月制定）「レーザー製品の放射安全基準」

第6章　実験室での器具の取扱い

これらの基準におけるレーザーのクラス分類は，使用するレーザー機器が目に対してどれくらいの危険度を持つものかを明示することを目的として定められている．なお，可視光レーザーに関するクラス分類は以下のようになっている．

クラス1（出力 0.39 μW 以下）：レーザーとして特別な取扱いが不要な，安全なレーザー．
クラス2（出力 1 mW 以下）　：偶発的な目への入射でも，まぶたを閉じてしまうため，安全が確保されるレーザー．
クラス3A（出力 5 mW 以下）：拡大されたビームを持つレーザーで，実質的に目に入る光量がクラス2と同一レベルのもの．
クラス3B（出力 0.5 W 以下）：直接光は危険であるが，拡散反射光は安全なレーザー．
クラス4（出力 0.5 W 以上）　：拡散反射光でも目に障害を与える可能性があるレーザー．

d. レーザー取扱いの注意点

① レーザーを用いる場合には，実験計画を立て，指導教員などの指示に従って使用する．
② レーザーを設置する部屋は，レーザーが散乱しないよう適宜遮光設備を置き，レーザーを使用する者は適切なレーザーゴーグルを着用する．
③ 腕時計，指輪などレーザーを反射する可能性のあるものは外しておく．
④ 装置には必ずアースをつけ，コードの傷や発熱に注意し，漏電などを予防すること．
⑤ 光路調整のためにビームを動かす際には周囲にほかの人がいないか確認し，注意を喚起しておく．また，ビームを直視したり，顔をビームの高さまで下げたりしないことが重要である．
⑥ 透過光，反射光はビームダンパで遮る．

e. 保護具と表示

研究実験においてレーザーを使用する場合には，その出力などを考慮して，適正な保護具（図6.1）を着用する必要がある．クラス3B，4のレーザーを使用する際は，入室・使用に十分な注意を喚起するための表示（図6.2）も義務づけられている．

図 6.1　レーザー用保護メガネの一例　　　図 6.2　レーザー用表示の一例

6.5　高磁場装置

磁場を利用した装置としては，a. マグネトロン，b. 質量分析装置，c. 電子スピン共鳴装置，d. 核磁気共鳴装置などが挙げられる．これらは磁場を利用して反応や分析を行う装置であり，その強度や使用方法が異なる．

高磁場装置がある部屋の入口には「高磁場」などの表記で注意が喚起されている．心臓ペースメーカーをつけている者は入室してはならない．また，磁化しやすい物品は部屋へ持ち込まないようにすべきであり，もしくは部屋の出入り口付近など，磁場の影響を受けにくくあらかじめ指定された場所に置いておかなければならない．磁化しやすい物品として，磁気カード，ICカード，腕時計，鍵類，貴金属の装飾品，鉄製の製品（スパナ，レンチ，釘，ネジなど）などが挙げられる．

a．マグネトロン

有機化学反応に利用されることが多くなっており，専用の装置も開発されている．磁場を閉じ込めて反応効率を高めているので，装置外への磁場の影響は小さい．

b．質量分析装置

質量分析装置には磁場を用いて検出するものがある．このような装置では，磁場が影響する範囲は装置内に留まり，装置外への影響は小さい．

c．電子スピン共鳴装置

円盤型の電磁石を対に置き，その間に試料を設置して測定する．試料の出入れは手動で行うことが多く，0.65〜1.4 Tの電磁石が使われる．このような装置では，磁場の影響は電磁石周辺の狭い範囲に留まるので，試料を出し入れするときに注意が必要である．

d．核磁気共鳴装置

外部静磁場に置かれた原子核が固有の周波数の電磁波と相互作用する現象を用いて，分子の構造や運動状態などの性質を調べる装置である．その原理に基づくと，外部静磁場の強さが大きくなると精度が高くなることから，近年はより高い磁場を持つ装置が開発されている．

核磁気共鳴装置では，一般に電磁石や超伝導磁石により磁場を発生する．発生する磁場の強度は1.4〜21.1 Tであり，これは^{1}H核の共鳴周波数にすると60 M〜900 MHzに相当する．なお，核磁気共鳴装置では，慣用として^{1}H核の共鳴周波数により磁場の強さを示す．また，60 M〜90 MHzの装置には電磁石を，300 M〜900 MHzの装置には超電導磁石を使うことが多い．

60 M〜90 MHzの核磁気共鳴装置では，電子スピン共鳴装置と同様の構成で測定する．試料の出し入れは手動で行うことが多い．このような装置では，磁場の影響は電磁石周辺の狭い範囲に留まるので，試料を出し入れするときに注意が必要である．

一方，300 M〜900 MHzの装置では，円筒状の超伝導磁石を液体ヘリウムで冷却し，さらにその外側を液体窒素で冷却することにより高磁場を発生させる．試料は円筒状の超電導磁石の中に設置し，空気圧により出し入れする．このような超電導磁石では磁石の上下方向（試料を出し入れする方向と平行な方向）に強い磁場が発生するので，必要以上に装置に近づかないことが大前提である．場合によっては，装置を設置している部屋の上下階が磁場の影響を受けることがあるので，装置の設置時に注意が必要である．最近は磁気自己遮蔽型の装置が開発されており，このような装置であれば超伝導磁石の近くでも磁場の影響は比較的小さいが，磁場の影響を受ける範囲は電磁石のそれよりも広い．なお，測定に用いるプローブの交換やプローブのチューニングを手動で行う場合は，磁化しやすい物

品や磁場の影響を受けやすい物品を身につけていないことを再度確認してから作業を開始するとともに，作業時間をなるべく短くして，磁場の影響を小さくしたほうがよい．

6.6 大型機械

実験室で使用する大型機械としては，プレス機械，引張り試験装置，恒温槽（乾燥機）などが挙げられる．本節では大型機械を実験室に搬送する場合の注意事項と，安全に使用するための注意事項について記述する．

a. 搬送時の注意事項
(1) 人間が運搬する重さの目安

大型機械を据えつける際には，人力で微調整する場合が多い．人間が安定して支えることができる力は体重の 35～40% といわれており，

男：20～25 kg　　女：15 kg まで

が目安とされている．これより大きな荷重を動かす場合には，てこなどの補助器具を利用する．

(2) 搬送時の姿勢

無理な姿勢で搬送を行うと，腰や腕などを痛めることがある．物を持つときには，腕や腰だけの力に頼るのではなく，背骨をまっすぐにして脚の屈伸で持ち上げるようにする．

(3) 共同での運搬

1人で運搬できない場合は複数で運搬しなければならない．この場合にはできるだけ体力，身長が違わないように人選を行い，1人の負担量を同じ程度にする．また，リーダーを決めておき，必ずリーダーの指示に従い，呼吸を合わせて行う．

(4) 物をおろすときほど注意する

搬送物の影になって設置場所がよく見えず，接地の瞬間に大きな衝撃荷重が作用して物を壊してしまったり，自分の足を挟んでしまったりするなどの事故に至る危険性がある．指示者を決めるなどして，物をおろす際には細心の注意を払う．

b. 使用時の注意事項
(1) 感電に注意する

大型機械の使用においては，電圧が 200 V になる場合もあるので，まずは感電に注意しなければならない．据付け時に配線を踏んでいないか（断線防止），電源に正しく接続されているか，被覆を剥がした箇所からヒゲが出ていないか（短絡防止），アースへ接続されているか（漏電防止）などを確認して電源を投入する必要がある．また，濡れた手で作業しないことは感電防止の原則である．

(2) プレス機械

流体（液体，気体）の圧力や電動機を利用して，荷重を負荷する機械である（図 6.3）．材料を圧縮して荷重と変位の関係を測定する実験や，穴直径よりもわずかに大きな軸を圧入して組み立てる場合，逆に圧入された軸を抜いて分解する場合などに使用されることが多い．

圧縮荷重が作用するので，指先や腕を挟まれる事故が多く，しかも重傷となる危険性が高い．プレス作業を行う際には，手などの身体部分がプレス稼働領域にないことを確認すること，試験片が荷重

を受けても倒れないように据えつけることなどが重要である．

(3) 引張り試験装置

プレス機械とは逆に，材料に引張り荷重を負荷する装置である（図 6.4）．応力とひずみの関係を測定する，破壊するまでの荷重を測定するなど材料強度の試験に用いられることが多い．

引っ張る試験なので身体を挟まれる危険性は少ないが，試験片が破断する際には大きな力が瞬時に解放されるため，試験片が飛び散る危険性がある．試験片の周囲を防護壁で囲むなどの対策が有効であるが，試験中は試験片の周辺に近づかないようにする．また，試験片を確実に固定しないと，破断に至る前に試験片が勢いよく脱落することがある．

(4) 恒温槽（乾燥機）

槽内の温度を一定に保つ機能があり，化学，生物，機械など広い分野で使用されている（図 6.5）．設定する温度は分野によって様々であるが，高温に設定されている場合には，ヤケドと火災に注意する必要がある．恒温槽内部から煙が出ている場合には，扉を開けて空気が入ることによって引火する場合もあるので，この場合には電源を切って自然に温度が下がるのを待つ必要がある．

6.7 工作機械

工作機械には多くの種類があるが，ここでは実験室において学生自身が作業する機会が多いボール盤，グラインダ，卓上旋盤について，安全に作業するための注意事項を記述する．

a．ボール盤

ドリルを用いて穴を加工する工作機械である．加工できる穴径によって大きさは様々だが，図 6.6 に示すように基本的な構造は同じである．ボール盤を安全に使用するための注意事項を以下に記す．

(1) よく切れるドリルを使う

ドリル先端の刃が欠けたり，鈍ったりしていると，穴開け効率が悪くなるばかりでなく，必要以上に力を加えることによりドリルを折る危険性がある．

(2) ドリルを確実に取りつける

ドリルはチャックに固定するが，締めつけが弱いと加工中に空回りすることがある．確実に取りつけるとともに，チャック固定ハンドルを外したことを確認する．

図 6.3　プレス機械　　　　図 6.4　引張り試験機　　　　図 6.5　恒温槽（乾燥機）

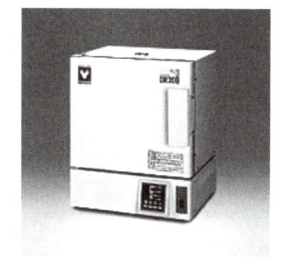

図 6.6　ボール盤

(3) 穴開け作業には手袋を着用しない

ドリルは工具が回転し，絡まる危険性があるので手袋は着用しない．

(4) 加工物を確実に固定する

加工物を確実に固定しないと，ドリルの回転力によって加工物が振り回される危険性がある．万力なども利用して，確実に固定する．

(5) 穴径や材料に合った回転速度に調整する

穴径や加工される材料によって最適な加工速度があるので，その速度になるように調整する．

(6) 大きな穴を開ける場合には，まず下穴を開ける

大きな穴を開ける場合には，太いドリルで一度に加工するのではなく，下穴を開けて徐々に穴径を大きくしていく．また，貫通させる場合には，貫通時にバリがドリルに絡みつくことがあるので，一気に貫通させる．

(7) 加工が終わったら，そのつどドリルの回転を止める

ドリルを回転させたまま加工物を移動させると，ドリルに手が接触する可能性があり危険である．1つの穴加工が終わって，次の穴へ位置を変える場合には，そのつどドリルを止める．

b. グラインダ

回転している円形の砥石に加工物を押し当てて，バリや不要部を取り除く機械である（図 6.7）．工具刃の研削にも使われているが，砥石は硬い砥粒を接着剤で固めて作られており，加工とともに少しずつ自身も削られていく．強い衝撃が加わると亀裂が入り，加工中に割れてしまうこともある．グラインダを安全に使用するための注意事項を以下に記す．

(1) グラインダを確実に固定する

グラインダの固定が不十分であると加工中に動いてしまうので，固定を確実に行う．特に卓上型の場合は注意する．

(2) 保護メガネを着用する

加工時は火花や砥粒が飛散することがあるので，保護メガネを着用する．

(3) 加工物の押しつけ力を適切にする

加工物を砥石に強く押しつけすぎると，砥石が割れたり，回転方向に大きな力が作用して加工物を

図 6.7　両頭式グラインダ　　　　　　　　　　図 6.8　卓上旋盤

はじき飛ばしたりする危険性があるので，加工物は徐々に砥石に押しつけるようにする．
(4) 砥石の側面を使わない
砥石は側面からの力に対する強度は高くないので，砥石の側面は使用しない．

c. 卓上旋盤
旋盤は主軸部に材料を固定（チャック）して回転させ，バイトを直線的に前後左右に動かして加工物を円形に加工したり切断したりする工作機械である．図 6.8 に示すような卓上旋盤を安全に使用するための注意事項を以下に記す．
(1) 加工物やバイトを確実に固定する
加工物やバイトの固定が確実でないと加工中に外れて飛び出してくる危険があるので，確実に固定する．また，固定に使ったハンドルを外したことを確認してから主軸を回転させる．
(2) 細長い切り屑に注意する
加工物の材料によっては，チップ状ではなく細長い切り屑が出る場合がある．加工物に巻きつく場合や振り回される場合があるので，切り屑はすぐに取り去る．
(3) 回転を伝達する機構部を清潔にする
主軸はベルト，プーリー，歯車などを介して回転させるが，この部分に切り屑などが入ると音や振動が大きくなる，噛みこんだ際に圧痕が生じるなどの不具合が生じるので，回転伝達機構部を清潔に保つ．
(4) 使用後のメンテナンスを行う
機械を使用したあとは整理・整頓，清掃を行い，必要に応じて潤滑剤を供給し，次の使用に備える．

6.8　排気設備

各種化学実験を行う際には，化学物質あるいは化学反応により生成するガス，蒸気，粉塵などを吸入またはそれらに接触する危険が生じる．このような潜在的危険を防止するために，部屋自体を排気する大掛かりなものから，作業をその中で行うように設計されたドラフトチャンバ，作業場所の周りのみを排気する局所排気装置などがある．化学実験室に多く設置されているドラフトチャンバは換気能力の優れた設備であるが，使用方法，管理を誤ると十分な安全性を確保できない場合があるので注意が必要である．

a. ドラフトチャンバとは？

強制的な排気およびそれに伴うチャンバ内への空気の流入によって，ガス，蒸気などをチャンバ内へ封じ込め，外界に除去する装置である．排気ガスをそのまま外界に排気してしまうと有害物質をまき散らすことになるので，通常はスクラバに通じたあとに排気される．

b. スクラバの種類

スクラバは以下の2種類に分類される．

① 湿式スクラバ（洗浄液循環式）：排気ガスに含まれる有害物質除去装置の1つ．水などの液体を洗浄液として，排ガス中の粒子を洗浄液の液滴や液膜中に捕集して分離する．洗浄集塵装置とも呼ばれる．酸やアルカリ性ガスなど薬液洗浄が可能な場合に用いられる．

② 乾式スクラバ（活性炭吸着式）：排気ガスを活性炭などの吸着体に通じ，脱臭・有害物質の吸着を行う．有機性ガスを多く含む場合に用いられる．

いずれの場合も，スクラバの処理能力には限界があるので，洗浄や交換といった定期的なメンテナンスが必要である．

c. ドラフトチャンバ使用上の注意

① 前面サッシを大きく開けすぎると前面風速が低下し，有害物質の閉込め能力が低下する．作業者の顔面部を保護するためにも，サッシの開口部は 400 mm 以下で使用する．

② 必要とされる前面風速は 0.4〜1.0 m/s とされる．

③ 部屋のドア，空調などがドラフトチャンバの近くに存在すると，これらに由来する気流や外部との圧力差によって封じ込め能力が低下する．また，チャンバの手前 60 cm を歩行すると，生じる乱流によって封じ込め能力が低下するので，この部分は通路にしない．

④ ガスの発生源は，前面サッシより 150 mm 以上奥側に置くこと．また，ドラフト内に必要のないものを置かない．

⑤ 同一のドラフトチャンバ内で，濃硝酸，過塩素酸などの酸化性液体と有機物とを同時に使用しない．チャンバ内で混合・爆発するなどの危険性がある．

⑥ 毒性や臭いの強い薬品を用いる実験を行う場合は，必要なトラップを用いるなどして，前処理を行うべきである．スクラバの能力を過信せず，処理できる化学物質はなるべく事前に自分で処理する．

⑦ ドラフトチャンバ内での実験であっても，突発的な液体の飛散などから目を保護するために保護メガネを着用する．

⑧ 引火性物質を用いる際には消火器を近くに準備しておく．

⑨ 実験使用後は常に清浄な環境に戻す．

6.9 防災器具

ここでいう防災器具とは，化学実験を安全に行うための器具である．

a. 身につけるもの

　化学実験を行う上で適宜使用される安全器具としては，簡易防塵マスク，防塵マスク，防毒マスク，呼吸用保護具，マスク関連品，保護メガネ（安全メガネ），レーザー光用メガネ，保護面・ヘルメット，サポーター類，耳栓・イヤーマフ，汎用・検査用手袋，サニメント手袋・ディスポ手袋，耐薬品・耐溶剤手袋，耐熱・耐切創手袋，軽作業用手袋・革手袋，指サック，白衣・保護衣・ディスポウェア，ディスポカバー類（腕，靴，キャップ），エプロン・前掛けなどがある．

　使用する薬品，実験装置にあったもの，MSDSや取扱説明書を参考に，適切に着用することが肝要である（第10章参照）．

b. 設備・備品として用意するもの

　実験室の防災，および災害が起きたときの対処器機としては，以下のようなものがある．

(1) 消火器・消火用品

　消火器として現在最も普及しているのは，リン酸アンモニウム粉末を用いたABC粉末消火器（淡紅色）である．ほかに，炭酸水素ナトリウム（薄青色），炭酸水素カリウム（紫色），炭酸水素カリウムと尿素の反応生成物を用いたもの（ねずみ色）などがある．放射時間は10数秒から30秒程度で，放射距離は3～7m程度である．火元を粉末で覆うようにすると消火しやすい．屋内では視界が悪くなる欠点がある．化学薬品の火災の場合は，炭酸ガス消火器などを使用するのも有効である．初期消火の器具としては，ほかに窒息消火を目的とした防火布・砂などがある．

　実験内容，使用薬品から，事故が起こった場合に最も適切な消火手段をふだんから考えておくことが肝要である（第10章参照）．

(2) 薬品トレー・薬品保管用品など

　地震などにより薬品が転倒すると，有毒ガスが発生したり，火災などが起こったりする危険性があるため，薬品保管庫内を適宜細分し，事故が起きないようにする．

(3) ボンベ固定用具

　地震などによりボンベが倒れないよう，固定する器具．ボンベは最低限2ヶ所で固定する．固定できない場合は，床に寝かすなど適切な処置をとる（第7章参照）．

■ 文　献

化学同人編集部 編（2007）：続 実験を安全に行うために（第3版），化学同人．

7 高圧（圧縮）ガス，加圧液化ガス，液化ガスの取扱い

　高圧（圧縮）ガス，加圧液化ガス，液化ガスは常温・常圧下に放出されると，気体として体積を急に膨張させる．毒性があるときはもちろん，可燃性ガス，支燃性ガスにも爆発の危険性がある．さらには不活性であっても，酸欠という危険が潜んでいる．なお，高圧ガス保安法における高圧ガスの定義はこの3種を含んでいるが，ここでは，特質の異なるこれらのガスについて別々に述べる．

7.1 高圧ガスの取扱い

　図7.1に高圧（圧縮）ガスボンベを示す．ボンベからガスを減圧して取り出すときには，ボンベ本体の上端についているバルブに圧力調整器（レギュレータ）を取り付ける．このボンベ（法律では"容器"）は大気中，室温において外的な刺激がなければ何も起こらず全く安全である．しかし，以下に述べる多くの危険が潜んでいる．表7.1に示すようにボンベの中には高圧の状態（一般的な最高圧力は 15 MPa）で毒性ガス，可燃性ガス，支燃性ガス，不活性ガスがそれぞれ入っている．

図7.1　高圧ガスボンベ
レギュレータは使用時に取りつける．運搬時，保存時は取り外す．

表7.1　高圧（圧縮）ガスの種類と性質

ガス種	毒性	可燃性	支燃性	不活性
水　素		○		
空　気			○	
酸　素			○	
窒　素				○
アルゴン				○
ヘリウム				
メタン		○		
一酸化炭素	○	○		

a. 圧力容器（ボンベ）の置き方

ちょっとのつもりで：ちょっとのつもりで高圧ガスボンベを廊下の床の上に立てて置いたところ，通行人が引っかけて倒してしまった．

　一般に，ボンベにはバルブを保護するためキャップがつけられているが，激しく転倒させるとこのキャップが変形して外れなくなる可能性がある．また，ボンベにキャップを装着していなかったり，レギュレータを装着したままであると，これらが破壊される．特にバルブ本体が破壊されると中から高圧ガスが勢いよく噴出することとなる．これが，毒性ガスであれば死に至る可能性が高く，可燃性であれば爆発により同じく死に至る可能性が高い．ボンベはボンベ立てがない場合には寝かした状態で置き，自然に転がるのを防ぐため防止用具（アングル，木片など）を必ずボンベの横に置く（ただし，あとで詳細を述べるが，液化高圧ガスのボンベを寝かした状態で置いてはいけない）．

b. ボンベの運搬方法

おっとっと……：高圧ガスボンベを運搬中に倒してしまった．運悪く足の上に落としてしまい，複雑骨折を負った．結局，足首から下を切断せざるをえなかった．

　高圧ガスボンベを運搬する際には，専用の手押し車を使用しなければならない．ボンベを少し傾けて回転させながら運ぶこともできるが，慣れていない者がやると倒してしまい（特に床が滑りやすい場合は注意），上述のような事故となる．このような事故は運搬中だけでなく，ボンベが倒れたときには常に起こりうる．ボンベは質量約 60～70 kg の剛性の高い鉄鋼製であり，同じ質量でも人間とは違うことをしっかり認識しておかなければならない．ボンベを扱うときには安全靴を履かなければならない．また専用の手押し車を使用しても，慣れていない者が行うとバランスを崩して倒してしまうことはよくあることである．ボンベを倒すと，前述のように一気にガスが放出される結果，重大な事故につながる可能性が高い．

c. ボンベの表示

○○酸素と大きく書いてある：酸素ボンベを取りにいったら，「○○酸素」と大きく書いてある灰色のボンベを見つけたので持ち帰ったら，先輩に怒られた．

　「○○酸素」は業者の名前であった．表 7.2 にボンベの色（加圧液化ガスを含む）を示す．表にない特殊なガスでは灰色のことが多いが，危険な場合が多いので色だけで判断せず，注意が必要である．図 7.2 にボンベの刻印について示す．この刻印部分を見てガスの種類を確認することが重要である．

表 7.2　ボンベの色（加圧液化ガスを含む，国内のみ）

ガス種	色	ガス種	色
酸　素	黒	塩素 [a]	黄
水　素	赤	アセチレン [a]	褐
窒　素	灰	アルゴン	灰
二酸化炭素 [a]	緑	ヘリウム	灰
アンモニア [a]	白	プロパン [a]	灰
メタン	灰		

[a] 加圧液化ガス．

第 7 章　高圧（圧縮）ガス，加圧液化ガス，液化ガスの取扱い

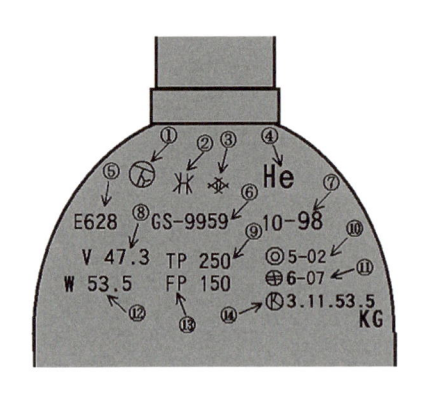

①特定容器である旨の刻印
②容器検査に合格した旨の記号および検査実施者の名称の符号
③容器製造業者の名称またはその符号
④充塡すべきガスの種類
⑤所有者登録番号
⑥容器の記号および番号
⑦容器検査に合格した年月（この例では 1998 年 10 月）
⑧内容量（記号 V，単位 L）
⑨最高充塡圧力（圧縮ガスに限り）（記号 FP，kg/cm^2 単位では数字のみ，MPa 単位では数字のあとに M がつく）
⑩再検査実施者の名称の符号および再検査の年月（容器再検査（耐圧試験）に合格した場合）
⑪同上
⑫バルブおよび付属品を含まない質量（記号 W，単位 kg）
⑬耐圧試験における圧力（記号 TP，kg/cm^2 単位では数字のみ，MPa 単位では数字の後に M がつく）
⑭質量の確認および質量に変化があった場合（この例では 2011 年 3 月の計量で 53.5 kg）

図 7.2　ボンベの刻印

先輩に怒られる程度ならよいが，実験によっては重大な事故につながる可能性が大である．また，病院でこのような間違いを犯すと患者が死ぬことになる．実際に，アメリカ軍仕様の酸素ボンベが空になったので，同じ色の日本のボンベ（二酸化炭素）をつなぎ死亡事故が起こったことがある．

d.　圧力調整器（レギュレータ）の選定

圧力計が爆発"そんなぁ……"：高圧酸素ガス下における物質の合成実験を行っていたところ，ブルドン管圧力計が爆発し，ブルドン管（圧力計中の三日月状の管）がバナナの皮をむいたようになった．

原因は圧力計内に油が入っていたためで，この油が高圧酸素で酸化され，発熱・燃焼・爆発したものである．圧力計に禁油のもの（USE NO OIL：圧力計内に油を使っていないもの）を使わなかったことによる．酸素用の圧力計およびレギュレータ（その他）には，必ず禁油（USE NO OIL）と記載されたものを使わなければならない．また禁油のものでも，ほかのガスに転用していたりして中に油が入っていることもあるので注意が必要である．

e.　ボンベの整理・整頓

エイエイッ．これでもか，これでもかっ：ガスを流そうとしてレギュレータのストップバルブを開けたが，流量計が全く動かなかったので圧力が足りないと思い，圧力調整バルブをさらに右へ回したところ，別の装置の配管が外れ，そこからガスが噴出した．

思い込みによるミスで使うはずのボンベを間違えた（またはラインを間違えた）のである．このようなことは，複数のボンベを使っているような場合や，ラインが複雑になっている場合に起こりやすい．ボンベはボンベのホルダーに 1 本ずつ置いて，転倒防止の鎖でしっかりと固定しておかなければならない．また，それぞれのボンベが何のボンベであるかを明示しておかなければならない．さらに，使わないボンベは種類ごとに決められたボンベ置き場に置いておくべきで，余計なボンベまで実験室に置いておくと，どれがどれだかわからなくなる．いずれにしてもレギュレータの圧力計を見ていれば，おかしいことは推測できるはずである．

f. 容器弁（バルブ）の構造

バルブが開けられない"そうだ！　てこの原理だ"：バルブが開かないといって，専用の工具のハンドル部に鉄管を挿入しハンドル部を長くしてさらに回そうとしてバルブを壊してしまった（バルブのハンドル部にレンチをかけた）．

これも思い込みによるミスで，すでに最大限に開いているところを閉まっていると思い込んだ結果である．手で回せるハンドルにレンチをかけることなども考えられる．専用工具や手を用いて，ふだんの力で開かなかったら，おかしいと思わなければならない（図7.3）．

バルブが閉まらない"そうだ！　ハンマーだ"：弁がどうしても閉まらず少量のガスが漏れているので，ハンマーを持ってきてハンドル部をたたいて閉めようとしたらハンドルがとれてしまった．

いずれの場合も，容器弁（バルブ）の構造（図7.3）をよく理解しておけば起こらなかった事故である．

どんなことがあってもハンマーでバルブをたたくなどは絶対にしてはならない．直ちに納入業者に連絡して対処してもらわなければならない．

g. 圧力計（ゲージ）の単位の確認

単位の間違い"10ですよね"：10気圧と指示を聞いた学生が圧力計で10に調整したところ，破裂弁（安全弁）が破裂した．

実際の圧力計がMPa単位であったため，気圧では約100気圧になってしまったのである．このような単位の間違いは，気圧からパスカルへの単位の変更時にはよくあったことであるが，いまだに気圧を使う人がいるので注意が必要である．その他，複数人で機器を使用する際の連絡ミスが事故を引き起こすことがあるので，連絡を常に密にしておかなければならない．破裂弁が破裂したということは，危険性を持ったガスが一気に出てくることを意味する．

なお圧力の値は，このような操作ではほとんどの場合，ゲージ圧で示される．ゲージ圧とは，常圧

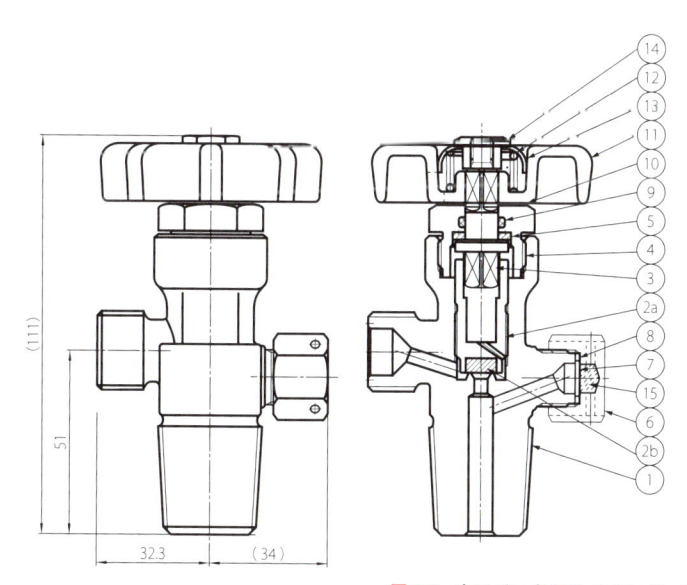

符号	部品名	材質
1	本体	C3771
2a	ケレップ	C3604
2b	ケレップシート	66ナイロン
3	スピンドル	C3604
4	グランドナット	C3604
5	グランドパッキン	PTFE
6	安全弁ナット	C3771
7	安全板	C1220
8	安全弁パッキン	C1100P-O
9	O-リング	CSM
10	ハンドルパッキン	ファイバー
11	ハンドル	ADC12
12	スプリング	SWPA
13	スプリングキャップ	A1100P-H18
14	ハンドルナット	C3604
15	フューズメタル	

※CO₂用は，フューズメタル無しです．

図7.3　高圧ガス容器弁（バルブ）の構造

第7章 高圧（圧縮）ガス，加圧液化ガス，液化ガスの取扱い

をゼロとして測定した圧力のことである．これは，圧力計が常圧との差を測定しているためである．したがって，ゲージ圧に常圧を足したものが絶対圧となる．

h. ボンベの固定
ワァー地震だ！：突然の地震で直ちに避難したが，ボンベが倒れ，配管が壊れて可燃性ガスが噴き出し，引火して火事になった．

突然の大地震では机の下へ退避したり，外へ避難したりするのが第一である．ここでは，あらかじめ，かなりの震度でもボンベが倒れないようにしておくべきであった．また，大地震のあとには必ず余震があるので，後から戻って装置を安全な状態にすることはできない．したがって，瞬時にできる装置の停止法をあらかじめ決めておき，それを行ってから避難すべきである．さらに，ボンベが倒れなくても，ボンベと配管などとの位置関係の変化により，ガス漏れを引き起こす可能性が大きい．地震が落ち着いたあと，配管の接続部などに石鹸水を薄く塗り泡の発生によりガス漏れをチェックする．

7.2 加圧液化ガスの取扱い

表7.3に加圧液化ガスの種類と性質を示す．高圧（圧縮）ガスボンベとの大きな違いはボンベ内に液体が入っていることである．この点が高圧ガスの注意事項に加わる．加圧液化ガスボンベの充填圧力は高圧ガスより低いが，危険性は高圧ガスと全く変わらない．

a. 液化ガスおよびアセチレンボンベの取扱い
液体の漏出"バルブを開けたままボンベを倒してしまった"：高圧ガスの場合と異なり，液化ガスおよびアセチレン（アセトン（液体）にアセチレンガスを溶解してある）のボンベは絶対に横にしてはいけない．特に，バルブを開けたままであったり，閉めていても少しでも漏れがあったりすると，液体が噴出することになり，気体状態で出てきた場合よりも多量のガスが発生する事態となる．

b. 毒ガスボンベの取扱い
(1) 硫化水素ボンベの取扱い
右回しだったっけ，左回しだったっけ？：硫化水素ボンベの取扱いを誤り，毒性ガスである硫化水素ガスが噴出した結果，作業していた人が死亡した．

表7.3に示した毒性ガスを使用する際，操作を誤って閉めるところを開けてしまうと，このような

表7.3 加圧液化ガスの種類と性質

ガス種	毒性	可燃性	支燃性	不活性
アンモニア	○	○		
二酸化炭素				○
塩素	○		○	
塩化水素	○			
硫化水素	○	○		
アセチレン		○		
プロパン		○		
ブタン		○		

ことになる．常にバルブの操作に慣れておくこと，および毒性ガスにはより慎重に接することが重要である．万が一毒性ガスを噴出させてしまった場合は，直ちに周囲の人，および近くの部屋の人に毒ガスが漏れた旨を連絡し，館外に避難するとともに教員に連絡する．

(2) 塩素ガスボンベの取扱い

バルブが閉められない：レギュレータをつけたまま長時間使わないでいた塩素ガスボンベのバルブを開けたところ，バルブから外にガスが漏れてきて，閉めることもできなくなった．

塩素ガスは空気と一緒になってボンベ本体やバルブを構成している鉄鋼を腐食する．したがって，使用後に系内に空気が入らないようにしなければならない．特にレギュレータをつけたままレギュレータの排出部を空気中に開放すると，空気とこれらのガスが混じって腐食が始まる．レギュレータを外してレギュレータ内のガスを追い出しておく（パージ）とともに，ボンベのバルブをしっかりと閉めてガスの放出を止めておかなければならない．また古くなったボンベは，中にガスが残っていたとしても返却すること．

> 使用後のボンベは直ちに納入業者に返却する．決してボンベからボンベへの詰替えをしてはならない．また，ボンベは3年ごとに再検査を受けなければならない（ボンベに過去に検査を行った日付が書いてある）．長期間放置されたボンベを見つけたら速やかに業者に回収してもらうこと．

7.3 液化ガス（冷却液化ガス）の取扱い

常圧下，気体の温度を下げると気体は液化する．これが液化ガスである．この説明に従えば液体状態の水も水蒸気の液化ガスということになる．ただし一般に液化ガスと呼ばれているもの（もちろん液体）の温度は極低温である．常圧下室温という外部雰囲気に置かれた場合，液体窒素は77 K（−196℃），液体ヘリウムは4.2 K（−269℃）に保たれている．液化ガスは高圧ガスではないが，常圧下で気化すると体積を大きくする点は高圧ガスと同じである．

a. 液体窒素の取扱い

クーラーの代わりに使おう（全員死亡）：上述のように液化ガスの温度は非常に低い．そこで，密閉度の高い部屋の空調が効かなくなったので液体窒素を部屋にまいたところ，部屋の温度が低下した．さらにまき続けたため酸欠を起こし，部屋にいた全員が死亡した．

空気中の酸素濃度は21%であるが，人間の呼吸として安全な下限は18%とされている．6〜10%で失神し，6%以下では1回の呼吸で死に至る可能性がある．

問題が生じたあと，<u>複数の人間が等しい立場で議論</u>して対処法を決めないと，このような初歩的な事故が起きる．

このような対処ミスのほか，液化ガスの容器がガラス製の場合，落としたりしてガラスが割れると同様のことが起こる．また特殊な場合として，NMR装置などに用いられる超伝導磁石が突然常伝導状態になると，寒剤の液体ヘリウムが爆発的に気化する．事故が起こった旨を速やかに大声で知らせるとともに，ドアを開けて室外に逃れる．

軍手で凍傷を防ごう（かえって凍傷になった）：液体窒素を別の容器に移す際，極低温の液化ガスが手などにかかると凍傷になる．これを防ぐために軍手を着用したところ，液化ガスが軍手にかかり編

み目に染み込み，ひどい凍傷になってしまった．

　軍手のような，繊維を編んで作られる手袋は液体が染み込みやすく，上述のようなことになる．また，軍手に水が染みていると水が凍って皮膚にくっつき取れなくなる．この際の手袋には組織が緻密な革製のものを用いる．

液体窒素が爆発？：窒素は不活性であるため，反応により爆発することはない．しかし酸素の液化温度（90 K）は窒素の沸点（77 K）より高いので，空気が入り込むと酸素の液化が起こる．このようなことが起こると窒素が優先的に蒸発するため，保管中にしだいに液体酸素の濃度が上昇する．このため，開放系で長期間保存した"液体窒素"は大量の液体酸素を含み，有機物と接触すると酸素により爆発する．液体窒素は必要量を汲み出し，短期間で使い切る．

デュワー瓶が破裂して，液化ガスが飛散した：ガラスのデュワー瓶（魔法瓶）は，上部の口の部分だけで内側の瓶をつり下げ，断熱のため内部は真空である．このため口の部分には常に大きな力がかかっており，破損しやすい．液体窒素の移し替えなどではゆっくりと（30秒程度かけて）口の部分を冷やしてから注ぎ始める．また，高さが1mもあるような大きなガラスデュワー瓶は原則として傾けてはならない．なお，金属の外套のある小さな魔法瓶の場合には，傾けたときに外套から魔法瓶が抜け落ちて破損する危険性もある．

7.4　関連資料

a.　高圧ガスの定義

　高圧ガス保安法第2条によると，"高圧ガス"とは以下のいずれかに該当する場合となる．

- 常用の温度において圧力（ゲージ圧力をいう．以下同じ）が1 MPa以上となる圧縮ガスであって現にその圧力が1 MPa以上であるもの，または温度35 ℃において圧力が1 MPa以上となる圧縮ガス（圧縮アセチレンガスを除く）．
- 常用の温度において圧力が0.2 MPa以上となる圧縮アセチレンガスであって現にその圧力が0.2 MPa以上であるものまたは温度15 ℃において圧力が0.2 MPa以上となる圧縮アセチレンガス．
- 常用の温度において圧力が0.2 MPa以上となる液化ガスであって現にその圧力が0.2 MPa以上であるものまたは圧力が0.2 MPaとなる場合の温度が35 ℃以下である液化ガス．
- 前号に掲げるものを除くほか，温度35 ℃において圧力0 Paを超える液化ガスのうち，液化シアン化水素，液化ブロムメチルまたはその他の液化ガスであって，政令で定めるもの（高圧ガス保安法施行令によると，その他の液化ガスとして現時点では液化酸化エチレンが挙げられている．これらのガスは常圧でも高圧ガスとなる）．

b.　圧力容器の定期検査

　圧力容器は，容器保安規則第24条の規定により定期検査を実施する義務がある．溶接容器・超低温容器・ろう付け容器（以下溶接容器等）の再検査は，経過年数が20年未満の容器が5年（ただし，25 L以下で耐圧試験が3.0 MPa以下の容器は6年［ただしシアン化水素，アンモニア，塩素を除く］），20年以上が2年である．一般継目なし容器は内容積によらず一律5年，一般複合容器は3年ごとに定期検査を受けなければならない．

　液体窒素容器（0.2 MPa以上の自加圧型）も定期的に検査が必要となる．0.2 MPa以上で使う液

体窒素は高圧ガスとなるので,それを貯蔵する自加圧型液体窒素容器は高圧ガス保安法で規定された期間に耐圧検査が必要となる.定期検査の期間は次のように定められている.

◎平成10年3月31日以前に製造した容器:製造時から15年未満の容器にあっては3年ごと,15年以上20年未満にあっては2年ごと,20年以上にあっては1年ごと

◎平成10年4月1日以降に製造した容器:製造時から20年未満の容器にあっては5年ごと,20年以上にあっては1年ごと

c. レギュレータの使い方

図7.4にボンベを取り付けたレギュレータを示す.レギュレータの使用法がわからないとき,または不安な場合には,必ず指導教員など取扱いを熟知している人に指導を仰ぐこと.

① まずボンベ上部の刻印により,使用するガスの種類,性質を確認する.

② 使用目的,ガスの種類に応じてレギュレータを選択する(指導教員の指示に従うこと).接続用のネジには右ネジと左ネジがあり,一般に可燃性ガスは左ネジでその他のガスは右ネジである.主なガスの中では,水素,アセチレン,ヘリウムは左ネジ,ほかは右ネジである.酸素ガスの場合には,ガスの出口がメスネジになっている.

③ レギュレータとボンベの接続:レギュレータ(圧力調整器)のジョイントとボンベの口金の接続にはテフロンのパッキングを挟む(レギュレータにすでについていることも多い).レギュレータを片手で押さえながら袋ナットを回し最後はスパナで完全に閉める.

④ 圧力の調整:圧力調整ハンドル(2次弁)を左に回して緩めておく(閉の状態).その後,1次弁(ボンベ側)を開き(上から見て左回し),すぐに1次弁を閉めて圧が低下しないことを確認する.圧が低下する場合は漏れがあるので直ちに圧力調整ハンドルを右に回して低圧側圧力計の指示が1気圧程度となるようにし,出口側バルブを緩めて(開けて)ボンベからのガスを開放する.その後,点検,増し締め,パッキンの交換などを行う.圧の低下がなければ再び1次弁を開く.

⑤ 2次側圧力の設定:出口側バルブが閉まっていることを確認する(右回し).圧力調整ハンドルを右に回して閉めていくと,ある一定のところでハンドルが重くなる.そこでさらに閉めていき,2次側圧力を希望の圧(通常1~2気圧)に調整する.

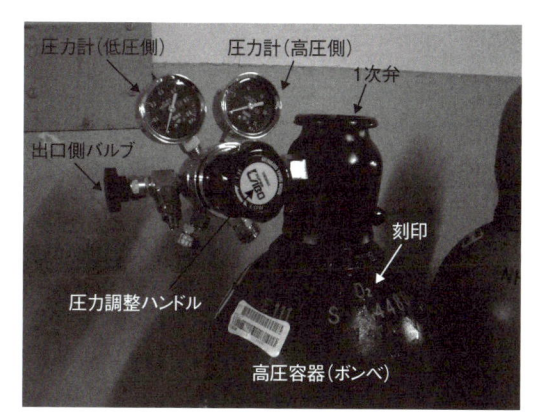

図7.4 レギュレータ(圧力調整器)

⑥　ガスの採取：出口側バルブを回すことでガスの流量を調整する．
⑦　使用後：ボンベの容器の1次弁を完全に閉める．続けてすぐに使用しない場合は，そのまま待って出口からレギュレータ内のガスを排出させる．その後，圧力調整ハンドルを十分左に回し（回しすぎると外れるので注意），出口側バルブを右に回して閉じる．長期間使用しない場合はレギュレータを外しておくほうがよい．
⑧　レギュレータの外し方：レギュレータを片手で押さえながら袋ナットを回して外す．

8 電気の安全な使い方

電気・電子機器を使用する場合は，**感電事故**や**電気火災**を起こさないよう，十分に注意すること．

8.1 電力線に関する基礎知識

建物内の電力は，**単相三線式 200 V** と**三相三線式 200 V** として供給されている．単相三線式 200 V とは，図 8.1（a）に示すように，大地に接地された中性線と，位相が逆の 2 本の対地電圧 100 V の三線により電力供給する方式で，いずれかの対地電圧 100 V の線と中性線を用いることで単相 100 V を得られる．一方，三相三線式 200 V では，図 8.1（b）のように二線間の電圧はいずれも 200 V で，その位相は 120°ずつずれている．また，いずれか 1 本が接地されている．

各研究室・実験室において，基幹ブレーカを介して受電された単相三線式 200 V ならびに三相三線式 200 V は，図 8.2（a）に示すように**配電盤**内で適宜分岐され，個々に設けられたブレーカを通して電灯やコンセント，分電盤などに供給されている．**分電盤**には，図 8.2（b）に示すように機器を接続するための安全ブレーカや接地端子が設置されている．なおここでは，構内の基幹配線から各研究室・実験室に分岐されたものを最初に受電するものを配電盤，機器を直接接続するためのブレーカを収納するものを分電盤と呼ぶこととする．

(a) 単相三線式 200V   (b) 三相三線式 200V

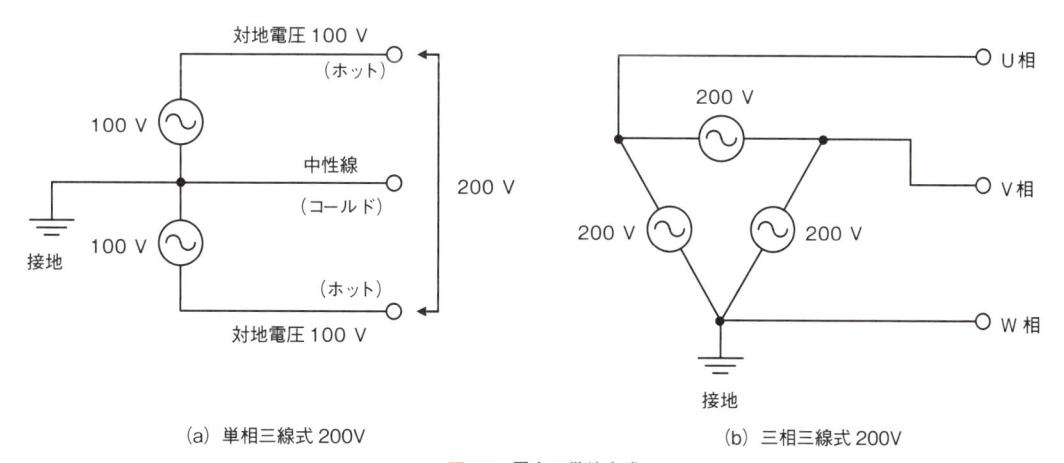

図 8.1　電力の供給方式

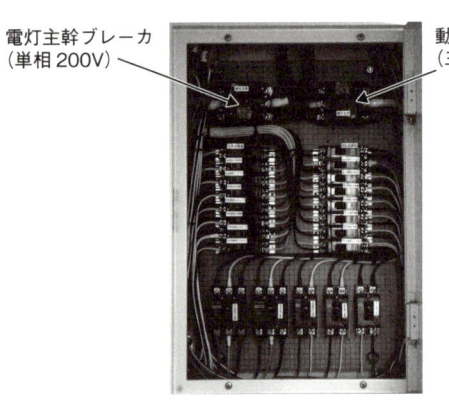

第 8 章　電気の安全な使い方

電灯主幹ブレーカ（単相 200 V）　　動力主幹ブレーカ（三相 200 V）

接地端子　　個別ブレーカ

(a) 配電盤 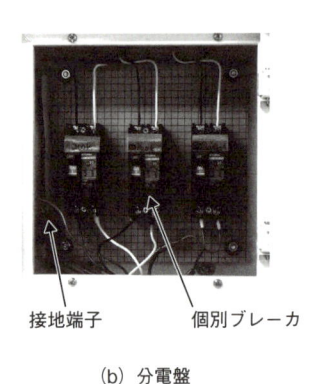　　　　　　　　　　　　　(b) 分電盤

図 8.2　配電盤と分電盤

8.2　機器接続上の注意

① 使用する機器の説明書をよく読み，正しい電圧のコンセントあるいはブレーカに接続すること．
② 三相電源の接続順序を間違えると，回転機器が逆回転して事故につながる危険があるので，相をよく確認して接続すること．
③ 単相 200 V の機器は，該当するブレーカあるいは 200 V のコンセントに接続すること．三相 200 V のブレーカの 2 つの端子を利用することは厳に慎む．
④ 単相 100 V の機器であっても，ホット側，コールド側で接続の指定がある場合があるので，説明書で必ず確認すること．
⑤ 接地の接続の指示がある場合は，必ず接地端子に接続すること．ガス管を接地端子代わりに使用することは大変危険なので絶対にやめる．また，水道管への接続も接地の効果が保証されないので慎む．
⑥ 配電盤内の接続を変更するには資格が必要である．決して独断では作業せず，担当部署に相談すること．

8.3　感電事故防止のための注意

コンセントの 2 つの端子のように，電位差のある 2 ヶ所に触れると体内を電流が流れ感電する．触れた部分が 1 ヶ所であっても，そこの電位が大地電位と異なっていれば図 8.3 のように電流が流れ感電する．静電気によって感電することもある．

流れる電流が小さいとかすかな痛みを感じる程度で済むが，電流値が大きくなるとヤケドをし，最悪の場合は死に至る危険もある．感電により神経が麻痺し自力で感電箇所から離脱できなくなり被害が拡大したり，筋肉が瞬間的に収縮することで跳ね飛ばされて大ケガをしたりすることもある．感電事故を起こさないよう，下記の点に十分留意すること．

① 漏電を起こしている機器に触れると，大地との間で電流が流れ感電する．異常を感じた場合は即座に教員に報告し対策を施すこと．
② 装置の蓋やパネルを開けたままでの使用は，活線部分がむき出しとなり大変危険なので厳に慎

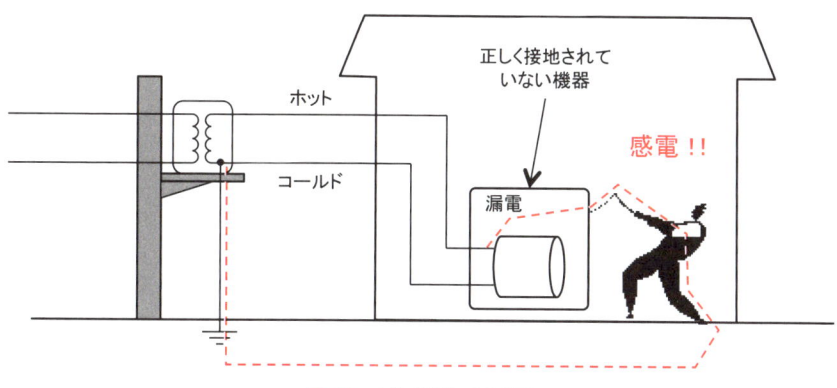

図 8.3 大地を通しての感電

むこと．
③ 破損したコンセントや老朽化した電源ケーブルは感電の恐れがあるので，迷わず新しいものと交換すること．
④ 高電圧や大電流を供給するケーブルを一般のもので代用するのは大変危険なので，必ず専用のケーブルを使用すること．
⑤ バッテリーは常に電圧を発生しているので，不用意に端子にさわることのないよう，カバーを設けるとともに，取扱いは十分に注意すること．
⑥ 電気・電子機器の調整や修理を行うためケースを開ける場合は，単にスイッチを切るだけでなく，その機器の電源ケーブルをラインから外すこと．また，電源ケーブルを外してあっても，コンデンサには電荷が残っていて感電する場合があるので，十分に注意すること．
⑦ 濡れた手で電気・電子機器や電源ケーブルに触れないこと．

■ **感電事故が発生した場合の対応**（第10章参照）
✓ 感電者が自力で離脱できなくなっている場合は，救援者が感電しないよう棒やゴムなどの絶縁物を使って感電箇所から引き離す．
✓ 感電の原因となっている箇所の電源を，ブレーカを切るなどして速やかに遮断する．
✓ 救急車を呼ぶと同時に，事故の連絡を非常時連絡先（通常警備員室や守衛室）と研究室の責任者に行い，感電者の状況を報告する．
✓ 感電者の呼吸や脈を確認し，必要ならば人工呼吸や心臓マッサージを実施する．あるいは自動体外式除細動器（AED）を使用する．ケガにより出血している場合は，止血を試みる．

8.4 電気火災防止のための注意

抵抗のある部分に電流が流れるとジュール熱により熱が発生する．その大きさは電流の2乗に比例し，過大な電流が流れると想定以上に温度が上昇し発火することがある．また，半田ゴテやホットプレートのような加熱機器の場合，スイッチの切り忘れや異常加熱，意図しない電源オンなどにより火災が誘発されることもある．このような電気火災を起こさないよう，下記の点に十分に留意すること．
① 電源ケーブルやテーブルタップは定格電流以下で使用すること．タコ足配線は電流値オーバー

を招く原因ともなるので，厳に慎むこと．
② 電源ケーブルに無理な力を加えたり，椅子のキャスターで轢いたりしないこと．外観はなんともなくても，内部の絶縁体が劣化しショートする危険性がある．
③ ブレーカが落ちた場合には，接続されている機器をチェックして原因を特定し，それを排除するまでは再投入しないこと．
④ 瞬間的なショートでも，大電流が流れた電源ケーブルは内部の絶縁体が溶解しショートしやすくなっている可能性があるので，迷わず交換すること．
⑤ 常時コンセントに差した状態とする電源ケーブルに関しては，ときどき掃除をして溜まったホコリを取り除くか，トラッキング火災防止の対策が施された電源プラグを使用すること．
⑥ 金属片や液体の近く，あるいはホコリの多い場所で使用するテーブルタップに関しては，不測のショート防止のため，未使用コンセント口に安全キャップを施すこと．
⑦ バッテリーは常に電圧を発生しており，端子をショートさせると大電流が流れ火災につながる危険があるので，端子は必ずカバーすること．1.5 V の電池でも事故を起こすことがあるので，十分に注意する．
⑧ ホットプレート，マントルヒータなどの加熱機器を用いる場合は，周囲に可燃物を置かないようにすること．また，使用後はコンセントから抜くか，不測の電源オンを防ぐため電源スイッチにはカバーやストッパーのついたものを使用する．
⑨ 半田ゴテを使用する場合は，周囲に可燃物を置かないようにすること．席を離れるときや作業終了後は必ず電源コードをコンセントから抜く．
⑩ 加熱機器を用いる場合は，実験中に決して現場を離れないようにすること．電気炉のように通常の使用では安全が保証されている機器であっても，初めて使用する場合は，試運転が終了するまでは装置から目を離さない．

■ **電気火災が発生した場合の対応**（第 10 章参照）
✓ 火災の原因となっている箇所の電源を，ブレーカを切るなどして速やかに遮断する．
✓ 負傷者がいたら救出を試みる．また，消火器を使って初期消火を試みる．このとき，水は決して使わずに，粉末（ABC）消火器（図 10.10）あるいは炭酸ガス消火器（図 10.8）を用いること．
✓ 火災の大きさにより 119 番に通報する．火災発生の連絡を非常時連絡先（通常警備員室や守衛室）と研究室の責任者に行う．負傷者がいる場合は，その状況も報告する．
✓ 消火できない場合は，適切な処置・連絡をしたあとに速やかに避難する．

8.5 その他の注意

事故が起こる前に何らかの前兆が現れることがよくある．常に身の回りに注意し，発熱，こげくさいにおい，機器のうなり音など何らかの異常を感じたら放置せず，即座に指導教員に報告するとともに原因を調べるようにすること．また，以下の点にも留意する．
① 配電盤，分電盤の扉は，緊急時に備え，いつでも開けられるようにしておく．
② 電源ケーブルをコンセントから抜くときは，ケーブルではなくプラグを持って抜く．

③ 電源コードをステープル（コ型の金具）で固定したり，束ねたりして使うことは危険なので慎む．
④ 通路をまたぐ配線は極力避ける．やむをえず敷設する場合は，必ずケーブルカバーで覆う．
⑤ 自作の電気炉や電気・電子機器を使用する場合は，指導教員の立会いのもと，安全性を十分に確認する．
⑥ 可燃性のガスが発生する可能性のある場所では，防爆型の電気機器を使用する．

9 廃棄物の安全処理

9.1 廃棄物処理の基本原則

循環型社会形成推進基本法では廃棄物対策の基本原則を次の優先順で定めている．①廃棄物などの発生抑制，②再使用，③再生利用（リサイクル），④熱回収（焼却処理），⑤適正処分（埋立て処分）．大学においてもこの原則に従った廃棄物対策を行うのが望ましく，廃棄物の量を減らす努力やリサイクルできるものはリサイクルする努力が求められている．

廃棄物は広義には排ガス，排水，固体廃棄物や液状廃棄物を指している．排ガスあるいは排水はそれぞれ大気中あるいは下水道や公共水域（河川，湖沼や海域）に排出されるので，大気汚染防止法や水質汚濁防止法で定められた基準をクリアしている必要がある．廃棄物処理法では汚物または不要物であって，固形状または液状のもの（放射性物質およびこれによって汚染された物を除く）を狭義の廃棄物と定めており，産業廃棄物（燃え殻，汚泥，廃油，廃酸などの20分類）と一般廃棄物（産業廃棄物以外のもの）に分けている．さらに，爆発性，毒性，感染性などの性状を示し，人の健康や生活環境に被害を生じさせる恐れがある廃棄物は，特別管理一般廃棄物あるいは特別管理産業廃棄物（表9.1を参照）として厳重な管理のもとで扱うことが要請されている．また，廃棄物は発生源によ

表9.1 特別管理産業廃棄物の例

廃 油	ガソリン，灯油，燃焼しやすい有機溶剤など
廃 酸	pHが2.0以下の廃酸
廃アルカリ	pHが12.5以上の廃アルカリ
感染性廃棄物	感染性の病原菌を含むもの，血液などが付着したもの，注射針，メス，疑似感染性廃棄物など
廃PCBなど	廃PCBとPCBを含んでいる廃油
PCB汚染物	PCBが塗布されたり，染み込んだり，封入されたり，付着した汚泥，紙屑，木屑，繊維屑，廃プラスチック類
重金属類などを含む有害産業廃棄物	①カドミウム，鉛，六価クロムまたはヒ素を基準以上に含む煤塵，燃え殻 ②水銀，カドミウム，鉛，有機リン，六価クロム，ヒ素，シアン化合物などを基準以上に含む汚泥 ③廃酸，廃アルカリなど
法規制の揮発性有機物を含む有害産業廃棄物	ベンゼン，トリクロロエチレン，ジクロロメタンなどの有害性の強い廃溶剤
その他爆発性，毒性を有し，人の健康または生活環境に関わる被害を生ずる恐れがある性状を有する産業廃棄物	石綿など

って生活系廃棄物（個人の家庭から排出されるもの）と事業系廃棄物（事業所などから排出されるもの）に分けられる．生活系廃棄物はすべて一般廃棄物に該当しており，原則として国民の税金で処理される．事業系廃棄物は事業所の費用で処理されており，事業所内の人々の生活に関わる廃棄物（紙類，ジュースなどの空き瓶・空き缶や弁当の空き箱など）は一般廃棄物に，それ以外の廃棄物は産業廃棄物に区分される．大学は企業と同じ事業所に区分されるので，大学内で発生する廃棄物は事業系廃棄物となり，それらは内容に応じて一般廃棄物と産業廃棄物に区分される．

　大学における液状廃棄物（廃液など）および固形廃棄物の具体的な分類は，法令および廃棄物処理工程によって大学ごとに決められている．廃棄物処理は基本的にリサイクル，焼却処理，埋立て処分に区分される．実験廃棄物をリサイクルで価値のある物質に変換するには，きめ細かい分類と化学計測による監視（分類が正しく行われているか否かのチェック）が不可欠である．有機系廃棄物はほとんどリサイクルされずに，焼却処理されるのが一般的である．無機系廃棄物についてはリサイクルと埋立て処分が主たる処理法である．環境汚染を引き起こさないように処理するためには，廃棄物を発生段階でしっかりと分別しておくことが重要である．例えば，いろいろな重金属廃液を不用意に混ぜてしまったあとでは，それぞれの成分に分別することはきわめて困難となる．廃棄物の処理を大学独自で行うにしても外部に委託するにしても，大学は廃棄物の排出者として処理のすべてに責任を負う義務があることが法律で定められており，マニフェストの形で責任が明確化されていると同時に，不法投棄などの違法行為が発覚した際には遡って調査できるようになっている．

　大学のような事業所から排出される排ガスは廃棄物処理法の対象ではないが，環境汚染を引き起こす可能性があるので大気汚染防止法の精神に則った管理が必要である．また，公害の発生を予防する観点からは悪臭を出さないための管理も大切である．悪臭は感覚公害であるため，事業所の周辺住民が異臭・悪臭と感じるときには脱臭対策が必要となる点で，濃度規制を原則とする大気汚染や水質汚濁とは異なっている．

　排水も廃棄物処理法の対象ではないが，化学薬品を使用する実験室のような事業場では不用意に薬品の溶液を排水に流したり，汚れた器具類をいきなり水道水で洗浄したりして汚染してしまう可能性がある．水質汚濁防止法では，規制項目の濃度が排水基準値未満の排水しか放流してはならないと定めている．排水を汚染しないためには，実験で使用した溶液などは必ず実験廃液として回収し，使用した器具類も溶剤などで十分に洗浄してから水道水で洗浄する習慣を身につけることが必要である．

9.2 大学における廃棄物管理

a. 廃棄物の分類と処理方法

　大学が排出する廃棄物には一般廃棄物と産業廃棄物があるが，本書では産業廃棄物に限定して説明する．産業廃棄物のうちでも特別管理産業廃棄物が重要であり，生物系実験から発生する感染性廃棄物と化学系実験から発生する有害物質で汚染された廃棄物が主たる対象となる．

　表 9.2 に東京理科大学における廃棄物の分類を示す．廃液は基本的に無機系と有機系に分類され，5% 程度以上の有機物が混入している無機系廃棄物は有機系として処理される．無機系廃液の処理は酸・アルカリ廃液では中和処理と焼却処理が，その他の無機系廃液では沈殿処理で有害物を分離する方法と焼却処理が利用される．沈殿処理で得られた重金属やレアメタルなどをリサイクルするか埋立て処分するかによって処理の詳細は様々に異なるが，有機物が混入していると沈殿処理と固液分離が

表9.2 実験廃棄物の分類一覧

1. 実験廃液および廃液が付着した固形廃棄物

種類		具体例	ラベル表示	対応する固形廃棄物のラベル表示
有機系廃液	可燃性有機廃液	エーテル，酢酸エチルなど	有機	可燃性有機物付着物
	廃油	オイルバスやポンプ潤滑油	廃油	
	ベンゼン含有有機廃液	ベンゼンを含むもの	ベンゼン	
	ジクロロメタンなどの法規制有機塩素廃液	ジクロロメタン，四塩化炭素，トリクロロエチレンなど10種類の有機塩素化合物	ジクロロ	
	難燃性有機廃液	クロロホルムなどのハロゲン元素を構成元素に持つ有機物質で，上記以外のもの	難燃	
	水を含む有機廃液	5%以上の水が含まれる有機廃液	含水有機	
無機系廃液	水銀含有廃液	塩化第二水銀，ジフェニル水銀など	水銀	水銀系の廃薬品
	クロム含有廃液	クロム化合物，クロム酸塩，重クロム酸塩など	クロム	クロム系の廃薬品
	ヒ素・セレン含有廃液	亜ヒ酸，二酸化セレンなど	As・Se	ヒ素・セレン付着物
	カドミウム・鉛含有廃液	塩化カドミウム，酢酸鉛など	Cd・Pb	カドミウム・鉛付着物
	シアン含有廃液	シアン化カリウム，シアン化ナトリウム，フェロシアン化物など	シアン	シアン付着物
	その他の法定有害重金属含有廃液	銅化合物，亜鉛化合物，鉄化合物，マンガン化合物，ホウ素化合物など	法定	その他無機物付着物
	その他の未規制重金属含有廃液など	コバルト化合物，ニッケル化合物，銀化合物など	重金属	
	オスミウム・タリウム・ベリリウム含有廃液		Os・Tl・Be	
	写真現像液廃液	アルカリ性	現像	
	写真定着液廃液	酸性	定着	
	フッ素含有廃液	フッ化水素，フッ化カリウムなど	フッ素	
	その他の無機系廃液	上記以外の無機物．リン酸塩，アンモニウム塩など	無機	
	有害物を含まない無機酸廃液	塩酸，硝酸，硫酸など	酸	酸付着物
	有害物を含まない無機アルカリ廃液	水酸化アルカリなど	アルカリ	アルカリ付着物
その他	悪臭物を含む廃液	メルカプタンなどの硫黄系悪臭物質，トリメチルアミンなどの窒素系悪臭物質など	悪臭	悪臭付着物

2. その他の固形廃棄物の分類

感染性廃棄物／疑似感染性廃棄物　→　感染性廃棄物	
一般廃棄物　→　可燃物，不燃物，資源ゴミ（空き缶，瓶類，新聞紙など）に分別	
廃薬品	
シリカゲル・アルミナ・活性炭　→　シリカゲルのラベル表示で統一	
セライト	
モレキュラーシーブ	有害物（Hg, Pb, Cd, Cr, As, Se, シアン）を吸着したもの
	上記以外のもの
各種電池類・蛍光管など	

効率的に進行しない場合がある．また，沈殿処理や固液分離がうまくできたとしても，ろ液中の有機物濃度が高いため生物処理をして生物化学的酸素要求量（BOD）を下げる必要がある．このため，有機物含量が高い無機系廃液は有機系として焼却処理するほうが工程上有利なこともある．重金属をグループごとに分別して回収するのは，排水基準の濃度レベルに応じた沈殿処理が必要なためである．例えば総水銀の排水基準は 0.005 mg/L と厳しいので，水銀廃液では高度な処理技術が要求されるが，ほかの重金属の排水基準はずっと緩く水銀のような高度な処理は必要ではない．また，クロム化合物は共存物や処理条件によっては容易に有害な六価クロムに変化するために，確実に三価クロムに還元して沈殿させるなどの特別な処理が必要となる．ヒ素とセレンは毒性元素で複数の原子価を示すので，丁寧な処理が必要となる．カドミウムと鉛については深刻な公害の原因物質であったという経緯から，慎重な処理が要求されている．シアン含有物は酸性ではシアン化水素（青酸ガス）が発生して危険であるため，必ずアルカリ性にして処理装置まで運ぶ必要がある．シアノ錯体には安定なものもあれば不安定なものもあり，すべての実験者が熟知しているわけではないので，安定なシアノ錯体も含めてシアノ錯体はすべてシアン含有廃液として回収するのが安全である．有機系廃液はリサイクルされることはなく，すべて焼却処理される．ハロゲン元素や硫黄を構成元素に含む有機物では排ガス中に強酸性ガスが含まれるために，適切なアルカリ性スクラバで処理する必要がある．また，無機元素を含む有機系廃液の焼却処理では排ガス中や残灰中に有害金属化合物が含まれるために，それぞれ適切な処置が必要となる．

　実験廃棄物の分類を効率的に実施するためのフローを図 9.1 に示した．フローの上位にある廃棄物が高い優先順位となる．実際の実験廃液は多くの場合，種々雑多な化学物質の混合したものである．この廃液を安全に処理するためには，優先順位に応じて廃液を分類すると同時に，そこに含まれている化学種を詳しく記載することが大切である．

　なお，放射性同位元素や放射性物質の付着した廃棄物および放射化した物品については，通常の産業廃棄物として廃棄することはできない．廃棄方法，廃棄場所については，その放射線施設のルールを遵守する必要がある．わからないときは，放射線施設の安全管理者または放射線取扱主任者に問い合わせることが大切である．

b. 実験排水と実験排気の安全管理

　化学物質で汚染された器具類を不用意に流し（シンク）で洗浄すると排水が汚染されてしまい，水質汚濁防止法や下水道法に違反することとなる．排水汚染を防ぐためには，汚れた実験器具を水や有機溶剤であらかじめ洗浄して，洗浄液を廃液タンクに集める操作が不可欠である．何回洗浄すればよいのかは，実験器具に付着した汚染物質の種類と濃度および法令で決められた排水基準（表 9.3）から推測できる．表 9.4 に洗浄回数の目安を示す．法令で規制されていない化学物質については銅・亜鉛などに準じたものとして考えればよい．大学や研究機関でしばしば起こる排水汚染の原因物質はジクロロメタンで，表 9.4 に示すように 5 回程度の洗浄を行うと排水汚染を防止できる．

　揮発性化学物質は閉鎖系か局所排気設備（ドラフト）で使用するのが原則である．ドラフト内で使用される揮発性化学物質は適切なスクラバで処理されれば環境汚染を起こすことはない．酸やアルカリ，酸化剤溶液，活性炭などに汚染空気を通気することで有害物質は無害化あるいは除去される．ドラフトの効率を維持するためには，定期的にスクラバをチェックすることが必要である．

第9章 廃棄物の安全処理

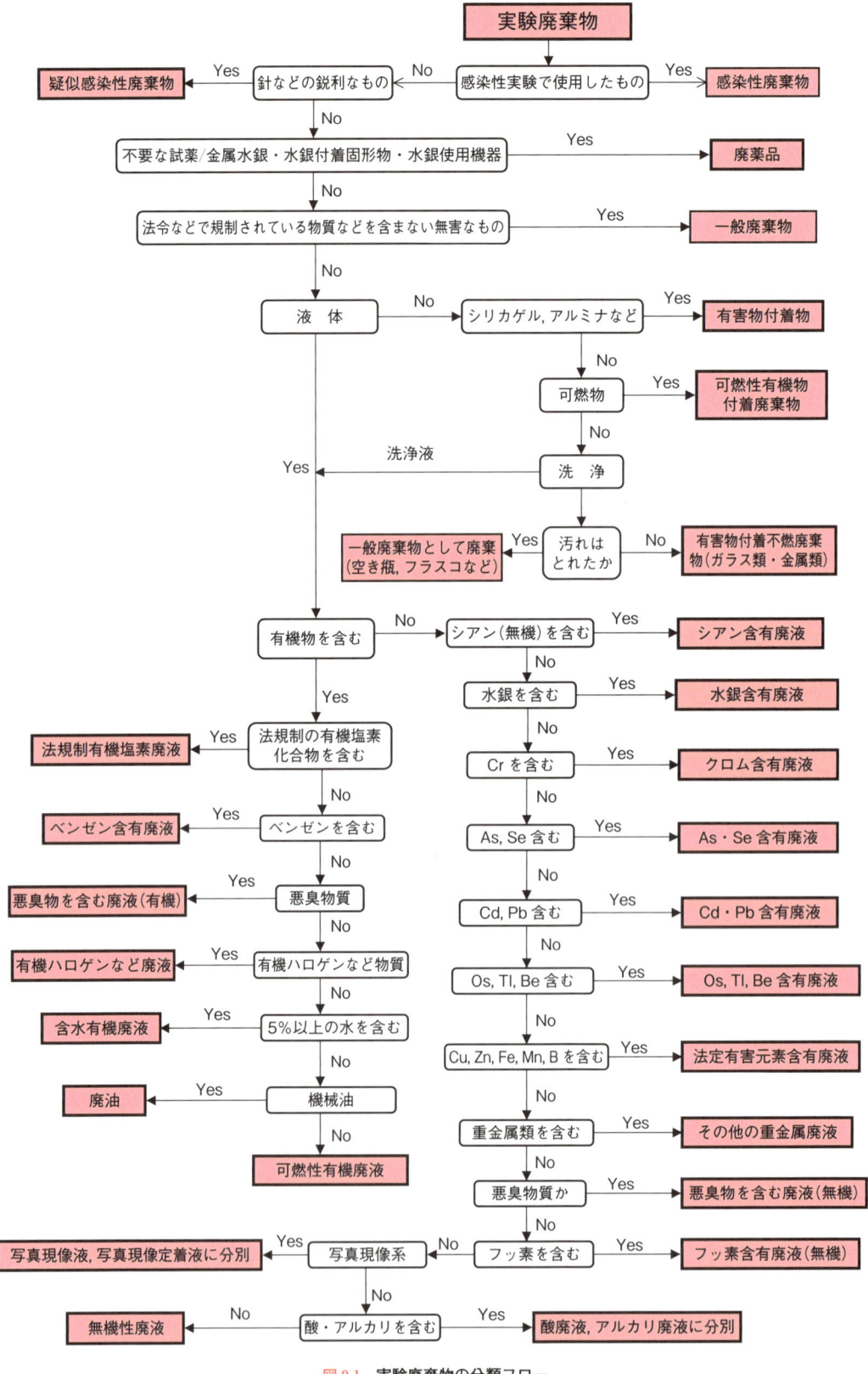

図 9.1 実験廃棄物の分類フロー

表 9.3 有害物質などの排水基準（単位は mg/L）

規制項目	排水基準	規制項目	排水基準
カドミウム	0.1	ベンゼン	0.1
シアン	1	セレン	0.1
鉛	0.1	ホウ素およびその化合物	10
六価クロム	0.5	フッ素およびその化合物	8
ヒ素	0.1	総クロム	2
総水銀	0.005	銅	3
トリクロロエチレン	0.3	亜鉛	2
テトラクロロエチレン	0.1	フェノール類	5
ジクロロメタン	0.2	鉄（溶解性）	10
四塩化炭素	0.02	マンガン（溶解性）	10
1,2-ジクロロエタン	0.04	生物化学的酸素要求量（BOD）	600
1,1-ジクロロエチレン	0.2	浮遊物質量（SS）	600
シス-1,2-ジクロロエチレン	0.4	ノルマルヘキサン抽出物	5
1,1,1-トリクロロエタン	3	全リン	16
1,1,2-トリクロロエタン	0.06	全窒素	120
1,3-ジクロロプロペン	0.02		

表 9.4 汚染した器具類の洗浄回数（目安）

付着汚染物の濃度	ジクロロメタン	水銀化合物	カドミウム，鉛など	銅，亜鉛など
100g/L	6	7	5	4
10g/L	5	6	4	3
1g/L	4	5	3	2
100mg/L	3	4	2	2
10mg/L	2	3	2	1
1mg/L	1	2	1	1

c. 産業廃棄物（固体廃棄物・廃液など）の回収方法

　前述のとおり，大学などから排出される廃棄物の多くは産業廃棄物に分類される．特に，教育研究実験に伴って発生する実験系廃棄物は，そのほとんどが産業廃棄物に分類される．また，産業廃棄物のうち，爆発性，毒性，感染性があるものや，その他の健康または生活環境に被害を生ずる恐れがある性状を有するもの（有害物）は特別管理産業廃棄物に該当する．これら実験系廃棄物は，一般の廃棄物に混入することがないよう，厳密に分類して回収する必要がある．

　固体廃棄物は可燃物，不燃物，プラスチック類，金属類に分類される．また，付着している有害物の種類に応じてより細かく分類する必要もあり，状況によっては有害物などの飛散や拡散を防止する措置を講じなければいけない場合もある．感染性廃棄物では，針などの鋭利なものが貫通しないような容器に密閉して廃棄物処理に出す必要がある．なお，有害物が付着した固体廃棄物や感染性廃棄物は特別管理産業廃棄物として専門業者に処理を委託する必要がある．

　液体廃棄物は主にポリタンクなどに回収する場合が多いが，有機系の廃液は有機系のみで回収し酸化剤などが混入しないように徹底するなど，「a．廃棄物の分類と処理方法」に記載したルールを守ることが大切である．また液体廃棄物には様々な性状のものがあり，混合することで爆発や毒性ガスの発生などの災害を引き起こす可能性もあるため，回収する際には細心の注意を払う必要がある．

　液体廃棄物として代表的な分類は，①廃酸，②廃アルカリ，③有機溶媒，④有害金属（水銀，六価クロムなど），⑤シアンなどがある．法律によって特別有害産業廃棄物は分別して回収するように定

められているため注意が必要である．なお，液体廃棄物も固体廃棄物と同様に，特別管理産業廃棄物に該当するものは専門業者に処理を依頼することが必要である．

d. 感染性廃棄物（疑似感染性廃棄物も含む）の回収方法

　感染性廃棄物とは，人に感染する，または感染する恐れのある病原体が含まれ，もしくは付着している廃棄物や，その恐れのある廃棄物をいう．具体的な判断基準が，形状，排出場所，感染症の種類で，基本的には医療機関から排出されるものが多いが，大学などでも教育研究において感染性廃棄物が排出されることも少なくない．例としては血液や体液付着廃棄物，病原性微生物実験に使用したものが該当する．ただし，オートクレーブや薬剤などで不活化処理を行ったものは感染性廃棄物には該当しない．しかしながら，大学などから排出された注射針やメスなどの鋭利なもの，血液や組織付着物は外見上から通常の産業廃棄物とは判断できない．また針刺し事故などを回避するためにも，一般的には疑似感染性廃棄物として感染性廃棄物と同様な処理をすることが多い．

　なお，感染性廃棄物は，針などが貫通しないように十分な厚さを有するポリプロピレン容器などに密閉封入する方法が一般的である．内容物や容器内の空気が漏洩しないよう，あらかじめビニール袋などに封入する場合もある．必要に応じてバイオハザードの標識を貼付することもある．

9.3　廃棄物処理における事故防止対策

　廃棄物処理業で起こる事故の頻度は化学産業での事故頻度よりも数倍高い傾向が続いている．原因の大半は，廃棄物の内容が排出者から処理業者に正しく伝えられていないためである．また，廃棄物の排出者同士の間でも，意思の疎通が不十分な場合には事故が起こりやすい．いくつかの事故事例を紹介して事故防止対策を説明する．

　廃酸・廃アルカリで起こる事故の大半は不用意な廃液の混合である．塩酸廃液と酸化性の酸廃液を混合すると，塩素ガスが発生するので危険である．多くの事故例が報告されている．絶対に廃酸と廃アルカリを混合して中和してはならない．シアン廃液はアルカリ性で保管しなければならないが，誤って酸を加えてしまうとシアン化水素（青酸ガス）が発生して命の危険がある．硫化物廃液（アルカリ性）に酸廃液を加えると，硫化水素が発生する．また通常，酸廃液は無機酸を指しているが，それを知らない人が有機酸を廃酸タンクに入れた場合，そのタンク内に濃硝酸や過塩素酸が入っていれば反応が起こり，発火爆発の危険もある．

　過酸化水素は金属塩や酸化鉄などで爆発的に分解する．実験で余った過酸化水素を不用意に廃液タンクに入れて，廃液が噴き出した事故が知られている．反応性の高い薬品の溶液はそのまま廃液タンクに捨てないで，まず実験者が反応性の高い薬品を分解して安定化させてから廃液タンクに捨てることで事故を防止できる．

　触媒作用を持つ貴金属試薬（白金，パラジウムなど）が付着した紙類は，時間がたってから自然発火することがあるので注意しなければならない．触媒は失活させてから廃棄する習慣を身につけることが大切である．

　実験で残った金属ナトリウムなどは量が多いときは分解処理をしないで，廃薬品として処理業者に処理を任せるのが安全である．メタノールやイソプロピルアルコールなどで分解する方法は，ナトリウムの量が多いとしばしば温度が上昇して発火爆発が起こるので注意しなければならない．

毒性の高い物質や引火性の強い溶媒などが含まれる廃液には，注意書きをして危険性を処理業者に伝えることが事故防止につながる．アリルアルコール（毒物）を含む廃液が入ったポリタンク（毒物含有の表示なし）を処理していた作業員が急性中毒で病院に搬送された事例などが知られている．

　金属水銀を廃液に混ぜて出してはならない．廃液処理装置全体が水銀で汚染されてしまい，汚染修復に莫大な時間と金がかかることとなる．金属水銀は廃薬品として出すのがルールである．

10 事故防止と緊急対応

10.1 安全管理の考え方

　安全管理の基本は事故の未然防止である．第1章において実験室における安全の基本について述べた．ここでもう一度思い出そう．事故を未然に防ぐためには，実験者自らが安全について意識することである．すなわち，危険は自ら回避するものであり，基本を守り，法を遵守することである．そして，緊急時には冷静に行動することが最も大事である．緊急事態はいつ，どこで発生するか全く予測することができない．慌てず落ち着いて適切な行動をとるためには，日頃から対応方法を確認しておくことが必要である．緊急事態の発生時間帯や状況によりとるべき行動が異なるため，最終的には当事者と発見者の判断に委ねられる．緊急事態発生時の行動指針を事前に準備し，冷静かつ適切な対応をとることが求められる．

10.2 緊急時に備えて

a. 火災発生時の対応

(1) 実験室で火災が発生した場合の処置

　火災が発生した場合には，以下の順序で対応する．

① 火災の発生状況を確認し，「火事だ！」と大声で叫んで周囲の人に知らせる．なお，火災の規模によっては感知器が作動し，火災報知器のベルにより火災発生が知らされる場合もある．

② 適切な消火方法により初期消火を行う．事故当事者は1歩下がり，周りの者が消火にあたるのがよい．

③ 可能であれば，ガスの元栓，電気のスイッチを切る．周囲の可燃物はできるだけ速やかに取り除く．

④ 初期消火が不能な場合，火災報知器のボタンを押して避難する．

⑤ 火災の規模により，一刻を争う場合には119番通報するか（同時に非常時連絡先に連絡），非常時連絡先に連絡する．

⑥ 指導教員に連絡をとり指示を仰ぐ．

　代表的な初期消火用具とその取扱い方法については10.4節c項を参照．器具の配置場所および種類を必ず確認しておくこと．

(2) 火災事例ごとの初期消火法

① 衣類に着火した場合：最もよい方法は緊急用シャワーで水を浴びることである．しかし，緊急

用シャワーが近くにない場合には，顔に炎が当たらないように手で顔を覆いながら，床で横に転がって火を消す．転がったあと，うつぶせになると身体についた火はある程度まで消える．

② ドラフト内で火災が起きた場合：上方への火災の拡大を避け，かつ消火のために換気を止めるのが一般的な対処法である．しかし，有毒ガスや煙の発生状況によっては換気を続けるほうがよい場合もある．

③ 可燃性ガスボンベからの火災の場合：まず周囲の可燃物を除去し，ボンベに散水し冷却する．

④ 有毒ガスの発生を伴う場合：ガスマスクや保護マスクを着用し，風上側から消火を行う．

(3) 爆発発生時の処置

爆発が発生した場合，以下について注意を払う必要がある．

① 負傷者の確認：負傷者が出ている可能性が高いので，まず負傷者の救護を心がける．

② 爆発した装置の安全処置：爆発した装置からの可燃物の漏洩を防止するなど，直ちに危険のない状態にする．処置が困難で引き続き爆発の恐れがあるときには速やかに避難する．

③ 爆発発生場所の点検：爆風，飛散物により二次的な事故が起こる可能性があるため，可燃物を排除するなど二次災害の防止に努める．

(4) 火災からの避難

火災やそれに伴う有毒ガスの発生が初期消火の段階で手に負えないと判断したときには，以下の手順に従い，速やかに避難する必要がある．

① 部屋から避難するときは，ガス源，電気，危険物などの処置を行ったあと，逃げ遅れた人がいないかを確認し，退出時には出入り口の扉を閉める．

② 煙の動きをよく見て，風上の避難路を選択する．煙が多いときは，水で濡らしたハンカチやタオルなどの布類を口に当てて，低い姿勢で避難する．

③ 内部に人がいないことを確認して，防火扉を閉める．

④ 負傷者がいる場合には，応急処置をしたあとに病院に連絡する．

b. 地震発生時の対応

地震が起こると建物の倒壊により深刻な被害が生じる．また，小規模な地震であっても棚の転倒や器具・試薬などの落下によるケガや火災が発生する危険がある．特に化学系実験室では有害物質や引火性物質があるため地震発生時には適切な対応をとる必要がある．平常時から十分な防災対策を講じておくことが大切である．

(1) 平常時の地震対策

① 棚，装置，OA機器，高圧ガス容器（ボンベ）などに転倒防止処置を施しておく．

② 棚の中にある試薬は落下しても割れないように安全ネットをかぶせ，さらに落下防止金具などをつける．

③ 不要試薬，不要物は処分する．

④ 実験室入口付近および通路には物を置かない．

⑤ 消火器，緊急用具のある場所を把握し，消火器の使用方法をよく学んでおく．

(2) 地震発生時の対応

① 地震を感じたら速やかに実験を中止し，安全対策を講じる．実験装置の加熱，通電などを停止

し，試薬の飛散，ガスの漏洩などの二次的な事故が起こらないように適切に緊急処置を施す．火気を使用中の場合には速やかに消火する．
② 速やかに安全な場所に移動し揺れがおさまるのを待つ．多くの場合，実験室内には器物が多く，潜在的な危険性があるので廊下に出たほうがよい．居室にいる場合や比較的危険が少ない場合にはその場で身の安全対策をとる．このとき，部屋の扉を開放し避難路を確保しておくことが望ましい．屋外に出る際に落下物でケガをする危険性があるので，揺れがおさまるまでは屋内に留まるほうがよい．
③ 揺れがおさまったら室内の状況を確認する．火災の発生や試薬の漏洩などがある場合にはその処置を行う．

c. 避難

災害が起こった際にはまず身体の安全を確保し，建物からの避難が必要であると判断した場合には速やかに，かつ落ち着いて避難する．このとき，二次的な事故が発生しないように実験室の火気，水道，電気などの元栓を閉め，また実験中の装置や試薬などに適切な処置を施しておく．

避難の際にはエレベータは使わない．足元にガラス片などの危険物が散乱している恐れがあるので注意する．また避難途中においても落下物などに十分注意する．屋外に出たあとは建物から 50 m 以上離れた安全な場所に待機する．グループ（大学では研究室）ごとに集合し逃げ遅れた者がないかを確認し責任者に報告する．みだりにその場を離れず待機すること．救護の手伝いなどの指示があった場合には指示に従う．

なるべく近くの階段，非常口から屋外に出ることが基本であるが，避難経路，非常階段，非常口について必ず確認しておく．

d. 防災訓練

事故や火災が発生したときに速やかに，かつ冷静に行動できるようにあらかじめ対応を決めておき，防災訓練を実施し経験しておくことが重要である．防災訓練は薬品漏洩などの事故への対応，火災対応，地震対応に大きく分けられるが，研究体制ごとに必要な訓練を実施するべきである．避難訓練は建物ごとに行うのが望ましく，少なくとも年に1回以上行う必要がある．避難訓練の実施後には，訓練結果の反省を必ず行い，問題点・課題点を洗い出し，安全管理体制を確立する．

10.3 救急措置

a. 事故が起こった場合の心構え

実験室で事故が起こった場合には，以下の点に注意して救急措置を行う必要がある．
① まず，本人が落ち着くこと．パニック状態になっていては適切な処置ができない．
② できるだけ多くの人を呼んで，助けを求める．
③ 何が起こったのか，現状を把握する．
④ 周囲の状況を見て，被害の拡大を防ぐ．
⑤ 事後の処置に関しては安易に判断せず，原則として医療機関に連絡し，相談する．

以下に，実験室でよく起こる事故に対する救急措置について述べる．

b. 化学薬品に関する事故
(1) 薬品が皮膚についた場合

少量の薬品が皮膚に付着した場合と，多量の薬品を全身に浴びた場合とでは対処が異なるが，基本的な処置は，多量の流水で15分以上の時間をかけて，付着した薬品を洗い流すことである．薬品が少量の場合には，表10.1 に従って処置を行う．多量の薬品を浴びたときは，衣服をすぐに脱がせ，緊急シャワー（図10.1）を使って洗浄する．このとき洗浄水が流れる方向に注意し，二次被害の防止に努める．その後，医療機関に搬送する．

(2) 薬品が目に入った場合

直ちにまぶたを広げて，流水で15分以上洗う．洗眼用のアイシャワーがある場合には，しばらく水を出したあとで洗浄する．塩基性水溶液は角膜を損傷させる危険性が大きいので，30分以上洗浄する．流水がない場合は洗面器に多量の水を入れ，顔をつけてまばたきを繰り返す．このとき，決して中和処置を行ってはならない．事後に必ず，医療機関で診察を受けること．

(3) 薬品を誤飲した場合

意識がはっきりしている場合は，吐き出させる（牛乳，温水，食塩水などを飲ませて，先が丸いスプーンなどを使って咽頭を刺激する）．このとき事後のうがいを忘れずに行う．なお仰向けに寝かせ

表10.1 少量の薬品が皮膚についた場合の処置

薬品の種類	処置法[a]
濃硫酸	乾いた紙または布で濃硫酸をふき取ったあと，多量の水で洗浄．決してこすらないこと
強酸（濃硫酸を除く）	多量の水で洗浄後，飽和炭酸水素ナトリウム水溶液で洗浄[b]
強塩基	「ぬるぬる」がなくなるまで多量の水で洗浄後，2% 酢酸水溶液で洗浄
水と反応する固体[c]	水と反応して発熱する固体（粉末）は，十分にふき取ったあとに水で洗浄
フェノールなどの有機化合物	エタノールなどのアルコールを使ってふき取ったあと，多量の水で洗浄

[a] 事後に皮膚の変色や浮腫が現れる場合には，医療機関で治療を行う．
[b] 強酸，強塩基が付着した場合は，いきなり中和処置を行わないこと．
[c] 酸化カルシウムなど．

図10.1 緊急シャワー

第 10 章　事故防止と緊急対応

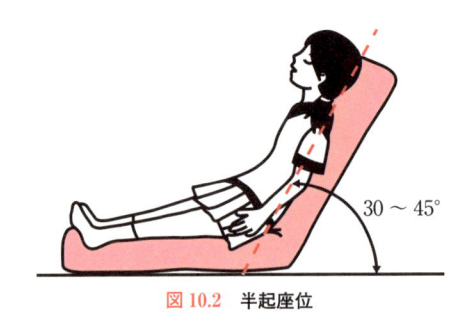

図 10.2　半起座位

たままで吐かせると吐瀉物が気道に入るので，絶対にしてはならない．意識がない場合は吐瀉物が肺に入る可能性が高いので，無理に吐き出させてはいけない．強酸，強塩基，石油類，殺虫剤，漂白剤などは嘔吐の際に胃や食道に孔が開く，肺に入って肺炎を起こすなどの危険性があるので，無理に吐かせてはいけない．化学薬品を飲み込んだ場合には，たとえ少量であっても必ず医療機関で治療を受けること．

飲み込んだものを吐き出したあとに，以下のような処置が行われる場合がある．

<u>強　酸</u>…水酸化マグネシウムなどを水に懸濁して飲ませる．
<u>強塩基</u>…1〜2% の酢酸水溶液，レモンジュースなどを飲ませる．
<u>硝酸銀</u>…食塩水を飲ませる．
<u>シュウ酸</u>…乳酸カルシウムなどのカルシウム塩の水溶液を飲ませる．

(4) 薬品の蒸気を吸引した場合

気体や粉塵を扱っている際に気分不良，咳込み，意識障害が起こった場合は，直ちに換気のよい場所に移動させ，新鮮な空気を吸わせる．また，周囲の者も避難する．移動後は本人が最も楽な姿勢で呼吸させる．呼吸が困難な場合は上半身を 30〜45° 起こした姿勢（半起座位，図 10.2）をとらせるとよい．必要に応じて酸素を吸引させる．呼吸停止の場合は人工呼吸を行う必要があるが，シアン系の気体や硫化水素を吸引している場合は，mouth-to-nose 法あるいは mouth-to-mouth 法による直接的な人工呼吸を行ってはならない．取扱いに注意を要する有毒気体には，主に以下のようなものがある．

<u>ハロゲン単体</u>，<u>一酸化炭素</u>，<u>シアン化水素</u>，<u>二酸化硫黄</u>，<u>酸化窒素類</u>，<u>硫化水素</u>，<u>ホスゲン</u>

c．その他よく起こる事故

(1) ガラスによる事故

① 切り傷，刺し傷

ガラス片による切り傷は，傷口を洗浄して観察し，図 10.3 のフローチャートに従って処置する．ガラスが突き刺さったり，深く切ったりした場合には，動脈とともに神経の損傷もありうるので必ず医療機関に行く．また出血が激しく，顔面蒼白，生あくびが出る，意識がはっきりしないなどのショック症状がある場合には，足を高く上げるようにして仰向けに寝かせ，脳に血液を送る体勢をとらせる．介助する者は，負傷者の血液に触れないように注意すること．

② ガラスの破片が飛散

ガラス器具の破裂によってガラスの破片が飛散した場合には，皮膚についたガラス片を手で払い取ってはいけない．ガムテープを用い，押しつけて剥がすようにして，まんべんなく破片を取り除

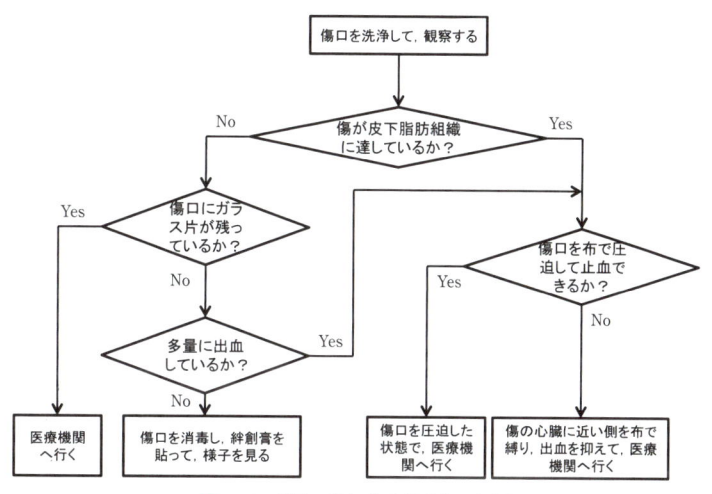

図 10.3 ガラス片による切り傷の処置

表 10.2 ヤケドの重度

重度	症状	処置など
Ⅰ度	皮膚が赤くなる.	十分に冷やしたあと,市販の抗炎症軟膏を塗布する.
Ⅱ度	表皮が剝離,水疱ができる.	医療機関に行き,消毒と患部の保護を受ける.
Ⅲ度	皮膚全層や皮下組織までが,熱により傷害を受ける.	傷害を受けた部分に対して,医療機関で外科的な処置を受ける.

く.顔面にガラスの破片が飛び散った場合には,目にガラス片が入っている場合があるので,目を指でこすってはいけない.この場合には,直ちに眼科で診察を受けること.

(2) ヤケド

患部を水でよく洗い,15分以上(できれば30分以上),水で冷やす.水の温度は流水の温度でよい.氷を使うと凍傷になる恐れがあるので注意する.広範囲のヤケドを負った場合は,まず水をかけて患部の温度を下げたあと,清潔なタオルやシーツで覆い,速やかに医療機関に搬送する.ヤケドの重度は,3段階に分けられる(**表 10.2**).

(3) 凍傷

液体窒素などの寒剤による凍傷の場合は,40℃前後の温水に30分以上浸す.温水がない場合には,脇の下などで温めてもよい.皮膚の色が紫色から黒色,あるいは白色になる場合は重度の凍傷であるから,医療機関で診察を受ける.

(4) 感電

まず感電者と電流源との接触を絶つ.最良の方法は電力の遮断であるが,それができない場合は感電者を電流源から離す.低電圧(100〜220 V)の場合は,救護者が完全に地面と絶縁していることを確かめたあと,ゴムや乾いた衣服,革のベルトなどの絶縁体を使って,感電者を助け出す.高電圧の場合は二次被害の危険性が高いので,電力を遮断するまで救護活動を行ってはならない.救出後は呼吸と脈拍を調べ,心肺停止状態であればすぐに心肺蘇生を行う.その後,医療機関に搬送する.

d. 心肺蘇生（人工呼吸と心臓マッサージ）

　事故や急病などによって心肺停止状態（心拍と呼吸が停止）になっている場合には，直ちに救急車を呼び，救急車到着までの間，心肺蘇生を行う．心肺蘇生法については，消防署の講習会に年に1回程度参加して身につける．かつて参加したことがあっても，研究の進展などによって方法が変わる場合があるので，毎年参加することが望ましい．以下は，AED（自動体外式除細動器）を使った一般的な方法である．

① 周囲の状況を確かめ，安全を確認する．
② 患者の肩を軽くたたいて大きな声で呼びかけ，意識の有無を確かめる．意識がなければすぐに周囲に呼びかけて119番通報を行うとともに，AEDを運んでもらう．意識があれば症状の訴えを聞き，応急処置を行う．
③ 患者を仰向けに寝かせ，片手で額を押さえながらもう一方の手で顎を引き上げ，気道を確保する（図10.4）．
④ 患者の鼻に顔を近づけながら10秒間，患者の胸部を観察する．呼気が感じられず，胸の上下動がない場合には，自発呼吸が停止しているので人工呼吸を行う．有毒なガスを吸入した場合など，人工呼吸が行えないときには，⑥の心臓マッサージのみを行う．
⑤ 気道を確保したままで，額に当てた手の親指と人指で患者の鼻をつまむ．口を大きく開けて患者の口を覆い，空気が漏れないようにして約1秒間かけて息を吹き込む（mouth-to-mouth法，図10.5）．または患者の口を閉じさせ，鼻から2秒間かけて息を吹き込む（mouth-to-nose法）．このとき患者の胸が持ち上がることを確認する（人工呼吸）．この操作を，もう1回繰り返す．
⑥ 患者の様子に変化がなければ，患者の胸の中央部（乳頭と乳頭の間）を，0.5～1秒間に1回のペースで15回連続して押す（心臓マッサージ）．このとき肘を伸ばして両手を重ね，手のひらに体重をかける．この操作は，地面が硬い場所で行うこと．
⑦ AEDが来るまで⑤と⑥を繰り返す．AEDが搬送されてきたらケースから取り出し，電源を入れて音声指示に従って操作する．心室細動（心臓の痙攣）がある場合にはAEDが判断して通電処置を行ってくれる．通電後にAEDから人工呼吸と心臓マッサージの指示があったら⑤と⑥を繰り返し行う．心室細動がない場合には，救急車の到着まで⑤と⑥を繰り返し行う．

10.4　防災器具とその取り扱い方

　化学や物理の実験室では様々な事故が発生する．多くの実験室では，新しい反応や新しい現象を見つけるための実験を行っているため，あらかじめ詳細な実験計画を立てていても，予測不可能な爆発

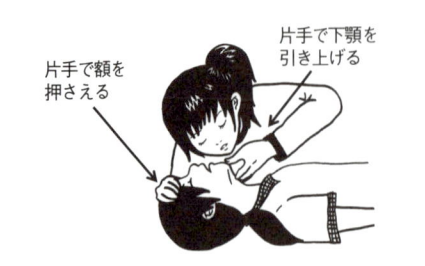

図10.4　気道確保　　　　　図10.5　mouth-to-mouth法

や反応が起こりうる．さらに学生が入替り立替り出入りする大学などの実験室では，危険な実験や事故についての記憶も薄れがちである．しかし，仮に予期しない爆発や発火，突沸，温度上昇による反応装置の破断，ガスの発生などが生じたとしても，ケガをしないように準備をしておくことは可能である．科学実験を行う者にとっては，防災器具について熟知し，それらを正しく扱えることは最低限のマナーである．実験をするときには，まず何よりも防災防護を考えなければならない．最悪の事態を常に想定することが大切である．防災防護器具を熟知した上で，適切に防護しよう．過剰と思われる防護でもマナー違反ではなく，むしろ推奨されるものである．

　また，日本で化学実験をする以上，地震発生を想定しておくべきである．2011 年に甚大な被害をもたらした東日本大震災は 14 時 46 分 18 秒に発生した．研究室が活発に実験を行っている時間帯である．実験室には危険なものが満ちあふれている．それらから身を守ることを常日頃から考えておかなければならない．

a．基本的個人防護用品

　個人がふだんから装備すべき防護用品について述べる．これは個人のマナーともいえる．実験室に入るからには，それなりの防護をしなければならない．保護メガネ（安全メガネ）と白衣，靴の装着は大学の学部 1 年生の実験でも義務づけられている．目の防護，身体の防護，避難時に必要な足元に関する装備，これらは実験をする個人にとっての基本的な防護であり，いかなる研究室であっても入室時に疎かにすることは許されない．自分が失敗しなくても，他人が失敗した結果，割れたフラスコの破片や折れたピペットの先端が目に向かって飛んでくることもある．自分の身体は自分で守ることが基本である．

(1) 顔面防護

　まず必要なのが保護メガネ（図 10.6）である．人体の中で最も弱く，最も重要な器官である目を防護しなければならない．爆発によって飛散したガラス片や熱溶媒，アルカリ，毒物，どんな場合でもこれらが目に入ることは絶対に避けなければならない．ふだんから近視用あるいは遠視用のメガネを装着している人でも，その上にポリカーボネート製の保護メガネを装着することを強く勧める．眼球を飛来物から守ることができる．しかし，目の前のフラスコが木っ端みじんになるほどの大爆発（過酸化物を使った反応の後処理で頻繁に起こる）や，大量の溶媒が降りかかったりする場合には，

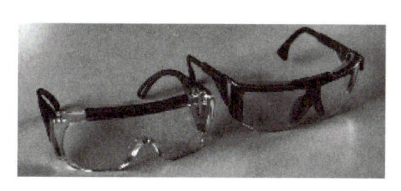

図 10.6　保護メガネとフェイスシールド

単なる保護メガネでは不十分である．基本的に化学実験では顔面全体を覆うフェイスシールド（ポリカーボネート製；図10.6）を用いるべきである．ポリカーボネートは非常に丈夫な樹脂であり，顔面全体を覆っていれば，顔面はまず安全である．メガネでは，被った溶液が額から垂れて目に入ることもあるが，フェイスシールドであればその恐れも少ない．フェイスシールドはメガネより重く，慣れないと会話しにくい感はあるが，化学実験をする際にはフェイスシールドの装着を勧める．目が見えなくなると不自由であるし，顔にひどい傷を負うことは誰もが避けたいはずである．

(2) 身体防護

大学の実験室では白衣が主である．白衣は単純な外套衣であり，簡単に脱げる．着用している白衣に可燃性液体がかかり，さらにそれが着火した場合でも，襟を左右に引っ張り，ボタンを飛ばして脱ぎ捨てることができる．しかし，白衣には「ひらひら」とした部分があるため，フラスコなどをひっかけて倒すことにもなりかねない．「ひらひら」した部分がない長袖上着と長ズボンの実験着は，企業の研究室では一般的である．いずれを選択するかは実験内容によるであろうが，少なくとも実験室に入るときには最低限，白衣の装着を義務づけるべきである．

(3) 手袋

できる限り手袋を着用するべきである．薄いゴム製の簡易なものから，厚手の耐薬品性のものまである．作業内容によっては軍手や，ケブラー製の防刃手袋をすることもあろう．薬品を扱うときはもちろん必要であるが，ラボジャッキやオイルバスなどの，ほかの人と共通で使用する器具を扱う際にも手袋が必要である．誰かが薬品を付着させてしまっている可能性があるからである．

(4) 靴

猛火に包まれ，さらに有毒ガスが発生する研究室から脱出する際には，足元に関する装備が重要である．転んだり，足の上に危険な薬品をこぼしてしまうことも考えられる．サンダル履きであればどうしようもないだろう．実験をする際には必ず運動性の高い靴を履くべきである．

b. 防毒マスク

防毒マスクは，一般的な実験室であれば，必ずしも全員が常に装着する必要はない．しかし，揮発性の劇物の瓶を床に落として割った場合や，有毒ガスを発生させた場合に備え，実験室内に防毒マスクを準備しておくべきである．

防毒マスクは顔の全面を覆うタイプにするのがよい（図10.7）．口だけを覆うものの場合は，ゴーグルとともに使用しなければならない．有毒ガスは目からも吸収されるし，刺激性ガスが漂う中では目を開けられないからである．防毒マスクにはガス吸収缶がついている．これは万能なものではなく，いくつか種類（酸性ガス用や有機ガス用，亜硫酸ガス用など）があるので注意が必要である．発生しているガスに適した吸収缶を装着しなければ意味がない．吸収缶がマスクに直結している直結型と，ホースによってマスクと吸収缶が接続されている隔離型がある．隔離型では使用時に吸収缶の吸引孔のキャップを外すことを忘れてはならない．ガスが発生する事故が起こった場合はすぐに実験室から退避し，適切な吸収缶をつけた防毒マスクを装着してガスの発生源を処理する．防毒マスクのほかに耐化学薬品用の全身防護服と耐薬品性長靴，グローブを実験室出口付近に準備しておくことが望ましい．火災発生時の消火の際にも，防毒マスクは必要である．発生した煙やガスは危険なので，全面防護のガスマスクを装着して消火にあたるべきである．

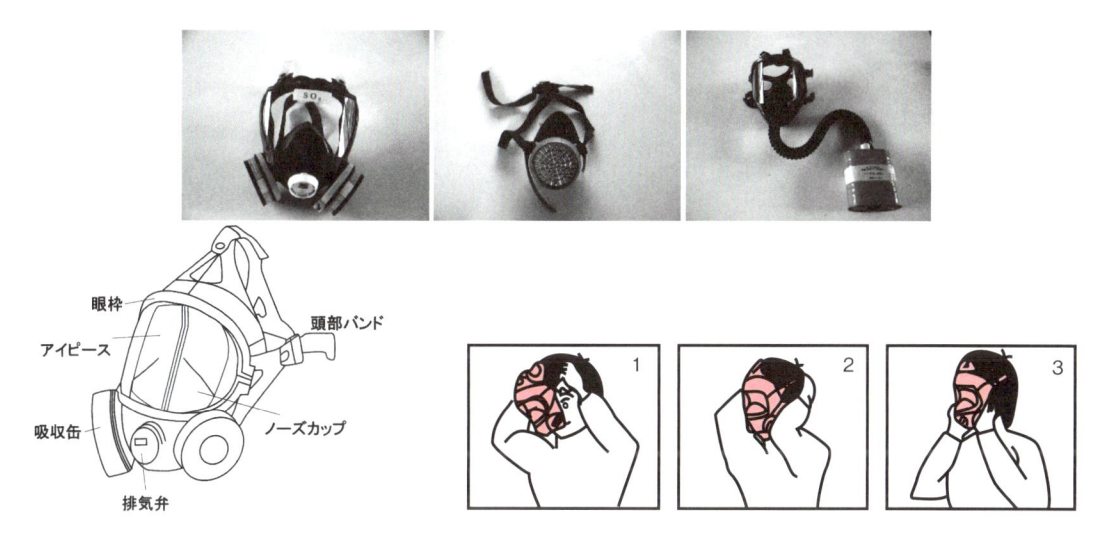

図 10.7　防毒マスクの種類（上）と装着法（下）

　防毒マスクは顔面に完全に密着していなければならない．防毒マスクを着用した際の漏れを判定する方法としては，陰圧法（マスクの面体を着用者の顔面に押しつけないようにして吸気口を手のひらで閉止した状態で息を吸い，マスクの内部が負圧になりマスクが顔面に吸いつけられるようになることを確認する方法）などがある．
　有機ガス用防毒マスクの吸収缶は，有機ガスの種類により除毒能力試験の試験用ガスと異なる使用可能時間（破過時間）を示す場合があることに気をつける必要がある．特にメタノール，ジクロロメタン，二硫化炭素，アセトンについては，試験用ガスに比べて破過時間が著しく短くなる．

c. 消火用具

　火災の発生は怖い．火災が発生することによって，単なる実験の失敗が大事故となる．死者が発生するかもしれない深刻な事態になる可能性が一気に高まるのである．火による被害を抑えるには，初期消火しかない．初期消火に失敗すれば大変な事態になる．実験室から外にまで燃え広がった火災では，専門的な訓練を受けた消防士ですら命を失うことがある．仮に火が出ても初期消火でおさめられるように準備することは絶対の必須である．
　消火器具はふだんは邪魔なものであるが，研究室内のなるべく多くの場所に置いておくことが望ましい．火が出たときには誰もがパニック状態になり，冷静に消火器を見つけ出せないことがある．実験する場所から周りを見たときにまず目につくところには必ず消火器を置いておくべきである．いったん室外に退避してから消火に当たることも想定し，実験室の出入り口にも消火用具を置いておかなければならない．そして，消火器を置いてある場所には「消火器」の標識を設置することが消防法で規定されている（図 10.8）．パニック状態でも消火器を発見できるチャンスを増やすためである．消防法では延べ床面積に対して設置するべき消火器の数が定められているが，化学系実験室では，消防法で定められているよりも多くの消火器を準備しておかなければ，実際の火災発生時には対応できない．
　火災を発生させた本人は多くの場合，パニック状態にあり思考が停止しているので，周りの人たち

図 10.8　消火器と標識

図 10.9　消火布と消火砂

が冷静に処理をする．本人をその場から去らせ，消火を行う．消火作業を本人にさせないことが大切である．ただし消火器具にはそれぞれ特徴があり，使い方を誤るとかえって火災をひどいものにしてしまう点に気をつけなければならない．一般的な大学の化学系実験室で準備しておくべき消火器具は，消火布，消火砂，炭酸ガス消火器，粉末消火器，水消火器であろう．

(1) 消火布

消火布はガラス繊維でできた布で（図 10.9 左），これを火のついた器具にかぶせれば火は消える．実験中に溶媒やオイルに火がついた場合などのごく小規模な火災の初期消火に有効である．また，消火布には毛布状の厚い生地でできたものもある．これは火災が発生した実験室や屋内からの脱出時に炎から身を守るために使用することもできる．

(2) 消火砂

消火砂は，乾燥させたただの砂（図 10.9 右）であるが，化学系実験室では非常に心強い消火剤である．水などの化合物を用いず，砂粒によって空気を遮断し，温度を下げる．アルカリ金属や有機金属化合物などの水をかけられない第三類危険物が燃えている場合に，まだ火が小さい初期消火の段階では非常に有効である．火元に対してどさっと覆いかぶせるようにかけるのが正しく，ばらばらとかけても意味がない．

(3) 消火器

消火器の使用法は，ふだんから習熟しておかなければならない（図 10.10）．

1. まず，消火器の上部の安全栓（黄色）を抜く．
2. 噴射用ホースを外し，ノズルを火元に向ける．

　　火の根元をねらい，手前からホウキで掃くように薬剤を噴射させる．近距離から直接噴射すると，燃焼している物体そのものを吹き飛ばしてしまい，かえって延焼させてしまうこともある．

3. レバーを握り，薬剤を放射する．

　　消火器には，いくつかの種類がある．それぞれ適・不適があるので，研究室で扱っている実験内容に応じて選ぶ必要がある．また，消火器の噴射時間は 15 秒間程度である．放射時間や放射距離は本体に必ず表示してあるので，日頃から確認しておかなければならない．手で持てる大きさの消火器は，薬剤の噴射量もあまり多くないので，大きくなってしまった火災には無力である．あくま

図 10.10　消火器の使い方

で初期消火に用いるべきである．一般に消火器での初期消火が可能なのは，天井に火が回るまでといわれている．天井に火が燃え移った場合には，速やかに逃げなければならない．逃げる際にはドアを閉めて炎やガスの漏出を防ぐ．また，大声で周りの人に火災であることを知らせる．1 人での消火活動を考えず皆で協力することが大切である．

① 炭酸ガス消火器：炭酸ガス消火器は二酸化炭素を薬剤とする消火用圧力容器であり，ドライアイスを噴き出すことができる．燃焼体から酸素を遮断し温度を下げるものである（窒息消火，冷却消火，希釈消火）．実験室での有機溶媒の引火や電気火災の初期消火に有効．炭酸ガス消火器の優れている点は，使用したあとに何も残らないことである．ドライアイスはすぐに昇華して消えてしまう．問題点は，噴き出すガスの圧力が高いため，燃焼体を吹き飛ばして延焼させてしまうことがあることと，噴射時間が短いことである．炭酸ガス消火器を使って消火をするときには，火元の内部に噴射すると効果的である．炭酸ガス消火器は重量が重いわりに噴射時間は数秒から数十秒と短く，噴射時間とともに噴射圧力が下がるということを覚えておこう．なお，風の影響を受けやすいため屋外での使用には適さない．密室で用いる場合には炭酸ガス濃度が急激に上昇するため，酸欠に注意する．ほかの消火器に比べて消火能力は低い．また，炭酸ガスを吹きつけるものなので，炭酸ガスと反応する大量の化合物が燃えている場合には使えない．使用したあとに何も残さないため炭酸ガス消火器は使いやすいので，一般的な化学実験室ではぜひ準備しておくべきものである．

② 粉末消火器：身の回りでよく目にする消火器は，ABC 粉末消火器と呼ばれるものである．これは，一般的に考えられる，A（普通），B（油），C（電気）のすべての火災に対応した粉末消火剤を噴き出すものであり，消火能力が大きいため，比較的規模の大きい火災に対応できる．火元を粉末で覆うように噴射すると消火効果が高い．内蔵されている圧縮窒素ガスの力で粉末を噴出させるものであるから，一度使用したものはガスおよび粉末薬剤を再充填しなければ使えない．消火器本体に圧力計がついていることがあるが，これは蓄圧式消火器と呼ばれるもので，噴射用ガスが消火器内部に充填されている．圧力計はそのガス圧を示している．圧力計がついていないものは小型ガスボンベが消火器の内部に入っており，レバーを握ると小型ガスボンベに穴が開き，薬剤を噴出させる．薬剤をほとんど噴射しなかったとしてもガス圧が失われてしまっている場合には，そのままでは再使用できないため必ず交換や再充填が必要である．リン酸二水素アンモニウムを主成分とする消火剤であり，使用後は細かな粒子が研究室中に飛び散るため，後処理が必

③ 水消火器：純水または潤滑剤を混入した水を噴出するものである．電気火災や油火災には使用できない．水消火器は消火剤が水なので安全性が高く，また使用後に残るのは水なので後始末が容易である．ただし，化学実験室ではアルカリ金属や金属水素化物などの脱水剤が使用されていることが多い．これらは水との反応性が高く，爆発の危険もあるので，水消火器の使用は厳禁である．

④ 強化液消火器：水溶液系薬剤（炭酸カリウム水溶液など）を用いた消火器．消火能力は粉末消火器に比べて高いが，腐食性が強く消火後の汚染が大きいため，小規模火災には適さない．第三類危険物の消火には使ってはならない．また，第四類危険物の消火には適さない場合がある．

⑤ 消火スプレー：小火災の場合，エアゾールタイプの卓上式の消火スプレーが有効な場合がある．

⑥ その他：泡消火剤，ハロン消火剤などがある．

d. 非常用ライト

火災の発生によって照明が消えてしまうことは，よくあることである．実験室には非常灯があるはずだが，実験室の構造や物品の配置によっては暗く，脱出が危険なものになる．また，大震災では非常灯さえ消えてしまうこともある．懐中電灯を置いておくことと，できれば蓄電式電灯（電力供給が停止したことを感知して点灯する）を研究室内の要所要所に設置しておくことが望ましい．特に光学的な研究をしている研究室では暗室での実験が多いが，停電時に非常用電灯なしで暗室から脱出するのは困難である．

e. 液体吸収材

少量の溶液や有機溶媒をこぼした程度であれば，雑巾や紙タオルなどでふき取ればよい．ただし，ふき取ったあとの雑巾や紙タオルはそのまま放置せず，適切に処理しなければ火災の原因ともなりうる．硫酸など，放置すると発火の原因となるものが含まれる場合はなおさらである．大量の有機溶媒や液体薬品をこぼしてしまった場合は，雑巾や紙タオルでは対処しきれない．ポリオレフィン系不織布の耐薬品性に優れた吸収材が市販されているので，大量の溶媒を使用する研究室ではあらかじめ準備しておくとよい．「ケミカルスピルキット」などの商品名でいろいろな吸収材がまとめられたセットもある．大量にこぼした有機溶媒を処理する際にも，全面防毒マスクを装着することを忘れてはならない．

f. 緊急シャワー

危険な薬品が身体にかかった場合は，緊急シャワー（図10.1）で除染を行う．化学実験室がある建物では実験室の近くに必ずシャワーが設置されているはずである．日頃からシャワーの場所を確認しておかなければならない．シャワーはチェーンを引っ張ることで放水が始まる．使い方も日頃からチェックしておこう．服に火がついた場合も運がよければ消火に使えるが，たいていの場合は燃え上がる前に消せるほど近くにシャワーがなく，実用的ではない．パニック状態でシャワーを探して走り，余計に炎を拡大させてしまうことのほうが多い．走ることで空気が供給され，炎が大きくなるのである．服に火がついた場合は着火部位を下にして床に転がって消火するのがよい．

g. アイシャワー

目に薬品が入った場合は，大至急，流水で 10 分以上洗眼する．洗眼器（アイシャワー）が設置されていればそれを用いる．ただし，強アルカリなどで目が損傷してしまっている場合は，アルカリを除去する程度に留め，流水の水圧による損傷の拡大を防がなければならない．そして大至急眼科に行って診察を受ける．地震などで水道が使えなくなっている状態で目に薬品が入った場合などの緊急事態に備えて，数 L の水を入れて準備しておける簡易洗眼器が市販されている．研究室内に設置しておくことも考慮すべきである．

h. AED

爆発や重量物が衝突したショックなどによって心肺停止してしまった人が出た場合は，速やかに処置しなければならない．真っ先に通報して救急車を呼ぶことは当然であるが，救急車が到着するまで平均で 6 分間かかるといわれている．心肺停止からの時間が経過するにつれ，1 分間当たり 7〜10 % も生存率が下がる．救急車の到着までにやれることをやっておかなければならない．この時に役立つのが AED である（図 10.11）．AED の使い方については 114 ページを参照してほしい．

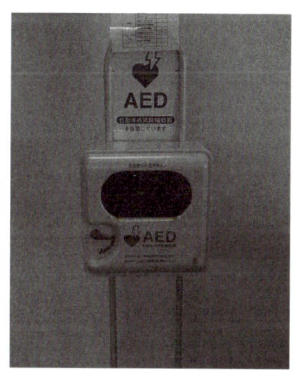

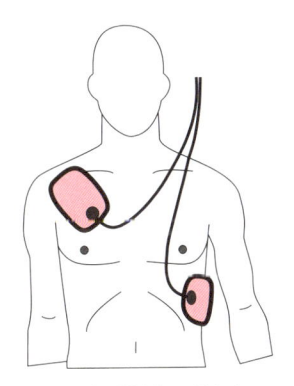

AED　　　　　パッド（電極）の貼り方

図 10.11　AED と電極のつけ方

11 化学物質管理 学生として知っておくべきこと

11.1 化学物質の総合安全管理

多くの化学実験で化学物質が使われているが，どれくらいの物質が市場で流通しているのであろうか．現在 Chemical Abstracts に登録されている化学物質は約 5000 万種類であるが，国内では数万種類，国際的には約 10 万種類が日常的に使われている．5000 万種類の化学物質の多くは研究の過程で合成されたものであり，一般には試薬メーカーから入手することはできない．

化学物質のほとんどは有害性を持つと考えられている．この有害性とは消防法での火災危険性（発火・火災・爆発），毒劇法や労働安全衛生法での人間に対する毒性，環境関連法での環境汚染性を意味している．火災危険性では，室温で固体あるいは液体の酸化剤，引火性の液体や固体，可燃性の液体，燃えやすい固体，水と反応して発火する可能性のある物質，自然発火性の物質，刺激や衝撃で発火あるいは爆発する可能性のある物質が対象となる．化学物質単独では火災危険性が低いが，ある種の物質と混ざると，発火あるいは爆発しやすくなる場合があるので注意が必要である．

毒性は，ある物質に曝露されてから発症あるいは死に至る時間が数日以内のものを急性毒性，数ヶ月以上のものを慢性毒性，その中間のものを亜急性毒性と呼ぶ．このような発症までの経過時間による毒性の定義とは別に，試験方法による毒性の分類があり，表 11.1 に代表例を示す．化学物質の毒性を詳細に調べるにはこれらの試験方法をすべて実施する必要があり，多額の費用がかかる．このた

表 11.1 試験方法による毒性の分類

名　称	試験方法
神経毒性	実験動物に投与して，生体内の神経系細胞を特異的に攻撃して影響を与えるかどうかを検査する．
生化学的毒性	実験動物に投与して，臓器あるいは血清中の酵素や生体成分を測定して異常を検査する．
発ガン性	実験動物に投与して，腫瘍あるいは前ガン細胞の有無を調べる．ラットやマウスで行われるが，2～3 年かかり，多額の経費が必要．最終試験に位置づけられている．
変異原性	発ガン性試験の予備的試験で，簡便であることが特徴．有名なものとして，サルモネラ菌を使ったエームズ（Ames）テストがある．すべての新規化学物質にはこのテストが義務づけられているが，化学物質によっては不適当な場合もある．
遺伝毒性	変異原性試験と類似するが，さらに DNA レベルへの影響を調べる試験で，法的には培養細胞による染色体異常試験がある．現在，エームズテストの次の段階の試験として公認されている．
細胞毒性	培養細胞の増殖抑制や致死率を指標とした試験で，最も迅速かつ簡便な方法である．
催奇形性	実験動物を用いる試験で，次世代への影響を調べる．
免疫毒性	免疫に関係する細胞への影響を調べる試験や実験動物を用いる試験がある．アレルギー性試験もここに含まれる．

11.1 化学物質の総合安全管理

表 11.2　毒性を表す指標

指　標	内　容
LD_{50}（半数致死量）	実験生物の 50% を死亡させる量
LC_{50}（半数致死濃度）	実験生物の 50% を死亡させる濃度
LDLO（最小影響量）	実験生物に中毒症状を起こさせる最小量
LCLO（最小影響濃度）	実験生物に中毒症状を起こさせる最小濃度
NOAEL（無毒性量）	実験生物に毒性が現れない最大量
ADI（1 日許容摂取量）	実験生物に影響が現れない最大摂取量（1 日当たり）

め，現実には一部の試験（変異原性や遺伝毒性など）だけで済ませる場合が多い．毒性を表す指標を表 11.2 に示す．LD_{50} や LC_{50} は急性毒性における値である．慢性毒性が問題になる化学物質では NOAEL や ADI が毒性評価の指標となる．NOAEL とは実験またはその他の観察において，構造，機能，成長，発達あるいは寿命が同じ条件下の同種・同系統の正常な生物と比べて，有害な影響が認められない最大濃度または量のことである．ADI（1 日許容摂取量）は，ある物質を生涯にわたり摂取したとしても健康へのリスクが認められないと推定される量のことである．シアン化ナトリウム（青酸ソーダ）は代表的な急性毒性を示し，LD_{50}（ラット）は 6.44 mg/kg である．人工の有機物では最強の毒物といわれる 2,3,7,8-四塩化ジベンゾ-p-ジオキシン（ダイオキシン）は急性毒性と慢性毒性を示し，LD_{50}（モルモット）と NOAEL（ラット）はそれぞれ 0.0006 mg/kg と 0.00005 mg/kg である．天然の有機物ではダイオキシンよりも強い急性毒性や慢性毒性を示すもの（ボツリヌス毒素や破傷風毒素など）が知られている．

環境汚染性とは環境条件下で分解されにくい性質のことである．加水分解や酸化されやすい物質は環境中での寿命が短いために環境汚染を引き起こす原因とはなりにくい．揮発性の高い化学物質は大気中に移動していき，光化学反応などで分解されるが，フロンなどのように対流圏では分解されにくく，成層圏まで到達してから紫外線で分解されて，オゾン層を破壊する物質もある．また，多くの有機物は微生物によって分解されるが，微生物によっても分解されにくい化学物質は環境中に残留することになる．このような有機物のうち，脂肪組織などに蓄積されやすく慢性毒性を有する化学物質は残留性有機汚染物質（POPs：persistent organic pollutants）と呼ばれ，哺乳動物や魚類，鳥類での汚染が問題になっている．このような状況を改善するために国連環境計画（UNEP）が国際的な取組みを実施しており，日本も東アジアで中心的な役割を果たしている．環境汚染で問題とされる毒性は生態系での毒性であり，人間だけでなく，水棲哺乳類や魚介類などへの毒性も視野に置いた考え方が国際的に広がりつつある．これは人間も生物の仲間であり，生物多様性を維持することが人間にとっても持続可能な社会を構築する上で重要であるとの認識によるものである．

国内で一般に流通している化学物質は各省庁が定めている法令に則って管理されるが，各省庁間で調整されているわけではないので，統一性に欠けているのが実情である．一方，化学物質を使用する側は各種の法令に個別に対応しなければならないが，手間と時間がかかるために実効が上がっていないという現状がある．化学物質による事故や健康被害，環境汚染の防止を効率的に実現するために，化学物質を総合的に管理しようという考えが広まっている．1992 年の国連環境開発会議（リオサミット）で採択されたアジェンダ 21「持続可能な発展のための人類の行動計画」で，有害化学物質の適正管理の基本原則（リスク評価とリスク管理に基づく化学物質管理）が明示され，2020 年までに各国で具体化することが合意された．日本では従来はハザードによる化学物質管理が主流であった

が，リスク管理による化学物質管理へ移行しつつある．先進諸国ではコンピュータによる化学物質管理が広く普及しており，日本でも少しずつ浸透しつつある．化学物質の総合管理の代表的なものはヨーロッパ連合（EU）でのREACH規制である．そこでは，新規化学物質と既存化学物質を区別しないでリスクベースで管理するとともに，化学物質のライフサイクルの観点からサプライチェーン上のすべての関係者が安全性情報などを共有する仕組みが構築されている．

アジェンダ21の基本的指針の1つとして提案され，2003年にOECDやILOなどの機関が勧告した「化学物質の分類・表示に関する世界調和システム（GHS）」により化学物質の有害性を統一した方法で表示することが可能となった．巻末付録2にGHSの有害性表記を示してある．外国から輸入した化学物質などに表示があれば，有害性の種類を知ることができる．

アメリカではTSCA（有害物質規制法）が化学物質の総合管理法に改正されており，日本においても今後は化学物質の総合管理を目指す法整備に向けた動きが加速されるであろう．

11.2 関係する主な法規

現在の日本での環境や化学物質規制に関係のある主な法律を記載する．なお，ほかにも地方自治体が制定した条例などもあるので注意すること．

(1) 大気汚染防止法

1968年に制定された法律で，現在までに多くの改正が行われてきた．大気汚染の防止対策を総合的に推進するための措置が定めてある．この法律で規制されるのは煤煙，粉塵，自動車排気ガス，有機汚染物質に大別される．煤煙は硫黄酸化物，煤塵，有毒物質（カドミウム，塩素，フッ素，鉛，窒素酸化物など）である．粉塵は建物の解体や物を粉砕する工程で発生する物質で，現在はアスベスト（石綿）が大きな問題となっている．自動車の排気ガスは光化学スモッグの原因とされており，特に窒素酸化物に関する厳しい規制が実施されている．近年ではディーゼル車から排出される微小粒子状物質（PM2.5）が大きな問題となっている．有機汚染物質ではトリクロロエチレン，テトラクロロエチレン，ジクロロメタン，ベンゼン，ダイオキシン類が規制対象となっている．

(2) 水質汚濁防止法

1970年に制定された法律で，国民の健康を守り生活環境を保全するために，工場や事業場からの排水の公共用水域への放流，地下水への浸透を規制するものである．一定地域の汚濁に対する有害物質の総量規制が設定されており，さらに都道府県には上乗せ基準設定の権限が与えられている．

(3) 下水道法

1958年に制定され，1970年に大幅な改正が行われた法律で，下水道の基準を定めて，都市の健全な発達と公衆衛生の向上，公共用水域の水質保全を実現するためのものである．

(4) 悪臭防止法

1971年に制定され，1995年と2000年に大幅な改正が行われた法律で，悪臭を防止するための規制基準や計測法（機器分析法，嗅覚試験法）を定めている．

(5) 化学物質の審査及び製造等の規制に関する法律（化審法）

PCB汚染が契機となって1973年に制定，1986年，2003年，2009年に大幅な改正が行われた法律で，新たに製造・輸入される化学物質について難分解性，生物濃縮性（蓄積性），人や動植物への有害性を事前に審査して，該当する物質の製造・輸入および使用を規制するものである．有害化学物質

表 11.3 急性毒性試験による毒物と劇物の基準

曝露方法	毒物基準	劇物基準
経口	LD_{50}　50 mg/kg 以下	LD_{50}　50 mg/kg～300 mg/kg
経皮	LD_{50}　200 mg/kg 以下	LD_{50}　200 mg/kg～1000 mg/kg
吸入（ガス）	LC_{50}　500 ppm（4 hr）以下	LC_{50}　500 ppm（4 hr）～2500 ppm（4 hr）
吸入（蒸気）	LC_{50}　2.0 mg/L（4 hr）以下	LC_{50}　2.0 mg/L（4 hr）～10 mg/L（4 hr）
吸入（ダスト・ミスト）	LC_{50}　0.5 mg/L（4 hr）以下	LC_{50}　0.5 mg/L（4 hr）～1.0 mg/L（4 hr）
皮膚・粘膜刺激性		硫酸, 水酸化ナトリウム, フェノールなどと同等の刺激性を有する

は第一種特定化学物質（難分解性，生物濃縮性，人または高次捕食動物に有害なもの．PCBなどの16種類の物質群およびパーフルオロオクタン酸関係の物質群），第二種特定化学物質（環境残留性，人または動植物に有害なもの．トリクロロエチレンなどの23物質），監視化学物質（難分解性，高蓄積性のもの），優先評価化学物質（人または動植物へのリスクが十分に低いとは認められないもの）に区分される．

(6) 特定化学物質の環境への排出量の把握等及び管理の改善の促進に関する法律（化管法，PRTR）

1999年に制定された法律で，有害な化学物質の環境への排出量を把握して，自主管理対策を促進し，化学物質による環境汚染を未然に防止することを目的としている．生活を便利にしてくれるはずの化学物質が環境を汚染し，ひいては人間の健康をも損なう状況を改善するために，化学物質が適切に使われているかどうかを監視する役割を担っている．

(7) 農薬取締法

1948年に制定された法律で，農薬の規格および製造・販売・使用などの規制を定めている．農業生産の安定，国民の健康保護，生活環境の保全のために，農薬について登録制度が定められ，農薬の品質の適正化とその安全・適正な使用の確保が図られている．農薬の毒性や環境への影響に基づき残留濃度基準が定められ，この基準を満たすための適用病害虫の範囲と使用時期・方法などが定められている．

(8) 毒物及び劇物取締法（毒劇法）

1950年に制定された法律で，医薬品などを除く有害物質を保健衛生の観点から取り締まるものである．動物実験による急性毒性値（**表 11.3** 参照），人における事故などでの知見などに基づいて毒物，劇物が指定される．毒物のうちでも特に取扱いを厳重にして，危害防止を心がける必要がある物質は特定毒物に定められており，都道府県知事が認定した人しか取り扱えない．

(9) 麻薬及び向精神薬取締法

1953年に制定された麻薬取締法が1990年の法改正で表記の名前になった．麻薬および向精神薬の輸入，輸出，製造，譲渡などについて必要な取締りを行うとともに，麻薬中毒者について必要な医療を行うなどの措置を講じることで，麻薬および向精神薬の濫用による保健衛生上の危害を防止し，公共の福祉の増進を図ることを目的としている．

(10) 覚せい剤取締法

1951年に制定された法律で，覚せい剤の濫用による保健衛生上の危害を防止するため，覚せい剤およびその原料の輸入，輸出，所持，製造，譲渡，譲り受けおよび使用に関して必要な取締りを行うことを目的としている．

第11章　化学物質管理　学生として知っておくべきこと

表 11.4　労働安全衛生法で規制されている化学物質の例

区　分	化学物質の例
製造などが禁止されているもの	黄リンマッチ，ベンジジンおよびその塩，4-アミノジフェニルおよびその塩，石綿，4-ニトロジフェニル，ビス（クロロメチル）エーテル，β-ナフチルアミンおよびその塩，ベンゼンを含有するゴムのり
製造に許可が必要なもの（特定化学物質第一類）	ジクロロベンジジンおよびその塩，α-ナフチルアミンおよびその塩，塩素化ビフェニル（PCB），o-トリジンおよびその塩，ジアニシジンおよびその塩，ベリリウムおよびその化合物，ベンゾトリクロリド
表示が必要なもの	上記の特定化学物質第一類に加えて，以下のもの．アクリルアミド，アクリロニトリル，アルキル水銀，エチレンイミン，エチレンオキシド，塩化ビニル，塩素，オーラミン，カドミウムおよびその化合物，クロム酸およびその塩，シアン化カリウム，水銀およびその無機化合物，ベンゼン，硫化水素，アンモニア，硝酸，硫酸，フェノールなど

(11) 化学兵器の禁止及び特定物質の規制等に関する法律

1995 年に公布された法律で，化学兵器の開発，生産，貯蔵および使用の禁止ならびに廃棄に関する条約およびテロリストによる爆弾使用の防止に関する国際条約の的確な実施を確保するため，化学兵器の製造，所持，譲渡および譲り受けを禁止するとともに，特定物質（サリンなど）の製造，使用などを規制している．特定物質の製造原料となる化学物質などは許可を得なければ購入することができない．

(12) 労働安全衛生法（安衛法）

1972 年に労働基準法を補足する法律として制定されたもので，労働者の安全と健康を守り，快適な職場環境の形成を促進することを目的としている．化学物質に関係する部分は，製造・使用などが禁止される物質の指定や，作業環境中での曝露濃度の規制などである．規制対象物質の例を**表 11.4**に示す．

(13) 消防法

1948 年に公布された法律で，発火や引火して火災の原因になる可能性のある物質（**表 11.5**）を規制している．第一類と第六類は酸化性固体と酸化性液体であり，ほかの類の化学物質（可燃物）と同じ場所に保管してはならない．また，実験室などで保管できる危険物の量は決められた値を超えてはならない．

(14) 放射性同位元素等による放射線障害の防止に関する法律（障防法）

1957 年に制定された法律で，放射線障害を防止し，公共の安全を確保することを目的としている．放射性同位元素の使用，販売，賃貸，廃棄その他の取扱い，放射線発生装置の使用および放射性同位元素によって汚染された物の廃棄などを規制している．

(15) 核原料物質，核燃料物質及び原子炉の規制に関する法律（原子炉等規制法）

1957 年に制定された法律で，原子力基本法の精神に則り，核原料物質・核燃料物質（具体的にはウラン，トリウム，プルトニウムおよびこれらの化合物）および原子炉の利用が平和の目的に限られ，かつ，これらの利用が計画的に行われることを確保するとともに，これらによる災害を防止し，および核燃料物質を防護して，公共の安全を図るために，精錬，加工，貯蔵，再処理および廃棄の事業ならびに原子炉の設置および運転などに関する必要な規制などを行うほか，原子力の研究，開発および利用に関する条約やその他の国際的な約束を実施するために，国際規制物質の使用などに関する必要な規制などを行うことを目的としている．

　これらの法令は大学などの教育機関だけではなく会社や研究機関にも同様に関係がある．学生諸氏

表 11.5　消防法における危険物の分類

類別	性質	性質の概要
第1類	酸化性固体	そのもの自体は燃焼しないが，ほかの物質を強く酸化させる性質を有する固体であり，可燃物と混合したとき，熱，衝撃，摩擦によって分解し，きわめて激しい燃焼を起こさせる．
第2類	可燃性固体	火炎によって着火しやすい固体または比較的低温（40℃未満）で引火しやすい固体であり，出火しやすく，かつ燃焼が速く消火することが困難である．
第3類	自然発火性／禁水性物質	空気にさらされることにより自然に発火し，または水と接触して発火し，もしくは可燃性ガスを発生する．
第4類	引火性液体	常温で液体であって引火性を有する．
第5類	自己反応性物質	固体または液体であって，加熱分解などにより比較的低い温度で多量の熱を発生し，または爆発的に反応が進行する．
第6類	酸化性液体	そのもの自体は燃焼しない液体であるが，混在するほかの可燃物の燃焼を促進する性質を有する．

が社会人となってからも必要な部分であるので，十分な知識を身につけてから実験を行う必要がある．様々な法令に則って実験や研究が行われており，1つの間違いや認識不足から取返しのつかない重大な事故や環境汚染が引き起こされることがあるので，肝に銘じて実験や研究を行ってほしい．

11.3　安全管理体制

　化学薬品などの管理形態は事業所によって様々であるが，使用者，管理者といった管理体制の設置を義務づけている法律もある．また，法律によっては，設置した管理体制を報告させるものもあるので注意が必要である．

　管理体制は，まず1つの管理組織の規模を決めることから始める．大学であれば大学，学部，学科など，まとめる組織がいくつかに分かれている．大学全体を1つの管理組織とするのであれば，最高責任者は総長や学長，理事長など大学を代表する者となる．同様に，学部を管理組織とするのであれば学部長，学科を管理組織とするのであれば学科主任，学科長などが管理上の最高責任者の任に当たることとなる．大学の規模や化学薬品取扱いの実態を踏まえ，ケースバイケースで効率のよい管理体制を構築すべきである．

　また，法律によっては，その事業所の管理組織や管理手順などを明記した危害防止に関する規程の制定を義務づけているものもある．一例として毒物及び劇物取締法で義務づけられている危害防止管理規定に記載すべき項目を挙げる．

① 毒劇物の貯蔵または取扱い作業を行う者，その設備などの点検を行う者，事故時における関係機関への通報および応急措置を行う者の職務および組織に関する事項
② 毒劇物の貯蔵または取扱いに関わる作業の方法に関する事項
③ 毒劇物の貯蔵および取扱いに関わる設備の点検に関する事項
④ 毒劇物の貯蔵および取扱いに関わる設備などの整備または補修に関する事項
⑤ 事故時における関係機関への通報および応急措置活動に関する事項
⑥ 毒劇物の貯蔵および取扱いの作業を行う者およびその設備の保守を行う者，事故時の応急措置を行う者の教育および訓練に関する事項
⑦ その他，保健衛生上の危害を防止するために遵守しなければならない事項

　毒物及び劇物取締法では，これら項目を網羅した危害防止管理規程を設けたあとに，初めて毒物や劇物が取り扱えることになる．最近では，大学独自の化学薬品管理規定を設けて化学薬品の安全管理

を行っているところもある．

a. 薬品管理の基本

　薬品は化学実験にとって必要不可欠なものであるが，それらのほとんどは有害物であるため，不適切な管理は実験室内の全員に危害を及ぼす危険性があることをしっかりと認識しておく必要がある．また，地震などの際には予測できない事故が起こる可能性もある．法令遵守は当然であるが，その前に薬品管理の基本的な考え方を述べる．まず，薬品は必要な最小量を購入して使い，残った薬品は廃棄処理をすることを心がけるだけで，実験室内の薬品保管量はずっと少なくなる．また，高反応性の薬品は開封したあとは劣化していくので，一定期間を経過したものは廃棄したほうがよい．長年，薬品管理をしてきた経験から，年に1回ないしは2回ほど薬品の棚卸しを行い，不要な薬品は廃棄していく習慣を身につけることが大切であると忠告したい．薬品を保管庫で管理する場合は液体の薬品は棚の下段に入れるのがよい．上段に保管した薬品の瓶が何かのはずみで壊れたりすると下の棚の薬品類と接触して危険な状況が発生するかもしれない．反応性の高い薬品の中にはガスが発生するものがあるので，ときどき瓶の蓋を開けて，溜まったガスを逃がすなどの措置が必要である．

b. 薬品管理システムによる管理

　近年は様々なメーカーから薬品管理用のシステムが販売されている．薬品瓶に独自のバーコードを貼付し，廃棄までそのバーコードによって管理するものがほとんどである．薬品管理システムは入庫から廃棄までの薬品管理を行うことができ，必要に応じて重量管理が実施できる．化学薬品では重量管理が必須となっているものもあり，さらにはPRTRなどの排出量や移動量を定期的に報告する必要があるものもあるため，量を把握するためにも非常に有用なシステムである．また，特定の研究室で保有している危険物などの検索も瞬時に行えるため，危機管理上でも活用したい．

c. 実験器具の洗浄方法

　使用した実験器具には有害物が付着しているケースもある．これら有害物が流しから排出された場合，状況によっては環境汚染や人的被害に拡大する恐れもあるため，実験室からの排出には細心の注意を払う必要がある．原則としては，排水に混入しても安全なレベルとなるまでは，洗浄液も実験廃液として適切な分類で回収するべきである．排出しても安全となるレベルになって初めて，流しを使った洗浄が許される．また洗浄方法についても，効果のある方法（例えば，アセトンなどの有機溶媒を用いて器壁を数回洗浄して，洗浄液は有機溶媒廃液に回収するなど）を検討する必要がある．流しは海への入口であるという環境意識を持った対応も，これからの研究者には必要である．

12 研究者のマナー

12.1 はじめに

　私たちは化学実験において多くの化学薬品，器具や機械装置，高圧ガスや電気を使用する．その際に安全に注意するのは，実験をする自分自身のみならず，実験室内の近くにいる人のためでもある．それだけでなく場合によっては同じ建物にいる人や，実験には直接関係のなかった近隣の人々にまで被害を与える可能性があり，それは絶対に避けなければならないことはいうまでもない．したがって，本書のテーマである実験マナーを身につけることが大切なのである．

　事故による自分自身の身体的被害だけでなく，実験を行うほかの研究者や，実験とは関わりのない近隣住民のその後の生活に害を及ぼすこともあるということを忘れてはならない．自然科学に携わる私たちにとって，物質的，肉体的被害は比較的意識しやすい．そのため，あらかじめ知っておかなければならない事項として，安全（safety）に関する実験マナーには比較的関心を持ちやすい．

　しかしながら，実験そのものだけではなく，実験を行う研究者同士の行動や生活がほかの人々に及ぼす被害や迷惑についても考えられなければ，本当の科学者とはいえないであろう．マナーとは，もともと「お行儀」を意味する言葉である．研究者の自分と他者との間のお行儀（マナー）は，研究それ自体に劣らず大切なことである．

　最近では，セキュリティ（security）という言葉がこれに対して用いられるようになった．実験における安全（safety）はどちらかというと身体を安全に保つという意味があるが，セキュリティはこれよりもっと広く，非常事態の安全とか，信頼，名誉，財産などの抽象的なものまでも含めての皆の気持ちよいあり方（welfare）の安全，安心を意味している．

　信頼される研究者になるためには，肉体的安全を守ることだけでなく，研究者としてそれ以外の問題についても，きちんとやっていくためのマナーが必要である．それが，通常は研究者倫理と呼ばれるものである．倫理という言葉は堅苦しいので，ここでは「実験マナー」に並ぶものとして「倫理的マナー」が，「安全（security）科学」の大切な一部門として本書に加えられている．また，このマナーに反する行為をまとめてミスコンダクト（違法行為）と呼ぶことがあることも知っておこう．

> 実験マナーのほかにも，科学者が守らなければならないマナーがある．

12.2 セキュリティと倫理

　なぜ，私たちは実験をするのだろうか．自然科学，ことに化学（物理学もそうであるが）は，自然

第12章 研究者のマナー

現象のメカニズムを実験によって明らかにし，そのメカニズムを用いていろいろな物質や状態を作り出したり，測定したりする学問である．

実験は，ただ面白いからやるだけではない．実験により得られた実験結果は，ほかの人によっても同じ結果が得られ，また，それを利用して合理的な事実と理論に合致し，皆が納得できるものでなければならない．真理の探究＝科学という学問の本質は，この上に立っている．もし私たちがウソの結果を公表し，それを本当のものと偽ったら，そこから様々な問題が生じて科学者の信頼はなくなってしまうだろう．それだけでなく，どんな素晴らしい研究をしても自分だけの狭い視野にとじこもってしまい，上述のようなセンスを持たない研究者は，結局はマッドサイエンティストとなってしまう．このような人はいつまでたっても，迷惑をかけているという意識，自分は本当の科学からはずれているという意識がない．上述のようなことを気にするのは余計なことだと感じる人が多くなってきた．

21世紀に入って以来，科学技術と社会の結びつきがより密接となり，その影響が大きくなっているのに反し，学問の専門領域は様々に細分化され，その中で研究する研究者の視野は真理探究に向けられるよりも，その領域内での競争に向けられていることが多くなって，現在これに対する強い反省が世界中で生まれつつある．

科学者は，一般の人とは違った特別の知識を持ち，一般の人たちには使えない特別に強力な力や道具や試薬を使って研究している．それは，一般の人たちより優越しているからではない．私たち科学者が生み出す将来の成果を一般の人たちは期待しており，その特権を私たち科学者に預けているからである．このことを意識しない科学者が，その驕りと視野の狭さゆえに，周りの人たちや社会にいろいろな被害や混乱を与えてしまうのである．私たちは自戒してそれを防ぐ責任を負っている．それが，化学を学び，将来それを専門としようとする者の義務なのである．このような科学者の反省と自粛の動きが当たり前のこととなりつつある．

大学や研究所などが存在するのは，社会が，その役割と使命が大切だと認識しているからである．だから特別の資金的援助や自由が与えられているのであって，科学者となることはこのような社会的責任をも預けられているということを，私たちははっきりと意識しなければならない．

ことに，現代の科学技術の発展に伴う人権無視や公害，環境破壊の多くは，研究が研究者自身だけの願望や欲望を中心にしたものであったために生じたものが多い．

科学することが趣味だった頃（ニュートンやボイル，プリーストリなどの時代）には，科学者は自分の興味と関心から自分の財産を使い，自分の家で，自然は本当はどうなっているのかを解明し，まだ誰も知らない新しい物や法則を見つけ出すために実験を行っていた．

現代では，私たちはとてもそんなことをやることはできない．科学者も技術者も生活費だけでなく，多額の研究費，高価な設備や装置が必要である．したがって，科学者や技術者は国によって育てられているのである．私立大学でも国からの補助（税金）がなければ大きな研究をすることができない．そして，卒業して社会に出ていく学生は，単に自分の給料のためだけでなく，この日本の，いや世界の人類社会に貢献するために学位を与えられ，社会に送り出される．これだけのことが社会的制度として作られているのである．それによって日本の科学技術が健全に成長し，世界の中の日本の立場と日本人の幸せを支え続けることができるからである．ここに，東京理科大学の建学精神「理学の普及をもって国運発展の基礎となす」の言葉がつながっている．そうするならば，日本は世界の人々から信頼され，その結果，日本の存在が大切にされ，大きな意味で日本の，私たちの安全（セキュリ

ティ）につながることになるだろう．このような意味で，本書の「安全」はsafetyではなくsecurityであり，研究者の倫理責任のうちの1つとしてsafety「安全」がある．

> 科学者は，社会から信頼され，期待されている．それに応える責任がある．

12.3 科学の研究って何？

　化学実験の安全について学んできたあなたは，ここで改めて科学者とは何かと問われるととまどうかもしれない．科学者は科学研究をする人である．それでは，科学研究とは何なのだろうか．実験をすることという答えが返ってくるかもしれない．装置を動かし，フラスコを使い，各種のガラス容器を使って物質に試薬を加える．これらの操作は，決して思いつきではなく，あらかじめ期待される結果が得られるように実験手法，実験手段，実験操作，実験条件を決めて行わなければ，たとえ，結果が得られても，それを再現することができないであろう．それでは決して「科学的」ということはできない．単なるお遊びにすぎない．私たちがやっていることは，その結果が公表され，ほかの人によっても同様な結果が得られ，その結果を用いてさらにより新しいことに用いられるものでなければならないのだ．つまり人類共通の財産を私たちは生み出すのである．その点で，研究には自分だけの「独創性」（オリジナリティ）が必要である．これらを前提として，社会の人々はそれだけのお金をかけ，設備を整えて研究できる人を育て支えているのである．私は自分の意思で，自分のお金でこうしているだけだと思う人がいるかもしれないが，決してそれだけではない．私たちは日本の人々だけでなく，世界社会の人々にも支えられて学び，研究をするという責任を負っているのである．これが研究者の社会的責任である．自分だけでなく，ほかの人をも危険から守る責任がある．安全を守るために実験マナーを身につけるのと同様に，私たちは研究の倫理的マナーを意識し，守らなければならないのである．

> 科学研究とは，自然の奥に隠されている事実を正しくつかみ出し，それを正しく伝えることである．

12.4 著作物の利用について

　科学の世界では，研究活動の成果は合理性（理屈が首尾一貫していること），客観性（誰が見ても同じように納得できること）を有するものであることが要求される．それと同時に，先見性（まだ誰にも知られていないこと）が大切である．

　教育過程のこれまでは，教科書や参考書の内容を覚えることが勉強で，その中のアイデアや文章をそのまま利用することが問題となることはあまりなかった．

　しかしながら学問研究の世界では，生み出された知識にはその持ち主の権利が重視される．ひとりひとりの努力が大切とされる．そのため，論文や文章を引用する場合には，その権利を持つ人が誰であるかを明らかにしなければならない．そうでなければ，丸写しした文章は，あなたが書いたものと受け取られ，実際にそれを書いた人の文章を盗んだことになる．これはインターネットの場合でも同様で，授業のレポートを書く場合でも，自分の文章か，他人の文章か，どこから来た内容なのかが読者にはっきりわかるように書くことが大切である．他人の文章の場合には引用符をつけて，そこに著者，文献名，ページを明記しなければならない．また，お世話になった人がいれば謝辞を載せなけれ

ばならない．参考にした文献は，文末に表示する．そうすれば，あなたの論文を利用する人が，より詳しく理解することができるようになる．これがマナーであり，ルールである．自分の頭を使わないコピーアンドペーストのレポート作成がルール違反＝ミスコンダクトなのは，このためである．

> 科学の情報（アイデア，データ，文章，論文，本）にはそれを作り出した人の権利が尊重されなければならない．

12.5 実験結果の報告について

測定したデータは，必要な正確さと精度を持った値で報告する必要がある．正確さとは真の値とのずれの少なさを表すもので，精度とは数回繰り返して測定した値のバラツキの程度をいうものであり，両者の意味は全く異なる．

往々にして，隣人のデータを見て自分のデータのバラツキや平均値を，実際の測定値を消したり偽のデータをつけ加えたりしてごまかす人がいるが，それは科学者として許されないルール違反である．学生実験報告書の評価は，データの値やバラツキについて（実験技術の上手下手の評価）ではなく，真の値を科学的にどう考えているか，そうなった理由をどのように考察しているかによってなされる（実験者としてのオリジナルな頭の使い方が評価される）ことをしっかり理解する必要がある．これと同時に，うっかり間違えたことに気がついた場合には，その誤りをできるだけ早く公表して訂正しなければならない．

正しく訂正する場合や，または，間違った疑いをかけられた場合の証拠として実験の記録はしっかりと保存しておくことが必要である．パソコン上の電子ファイルのまま保存すると実験条件などの記載が不十分になりがちであり，また，うっかり削除してしまう可能性もある．したがって，きちんと実験ノートに記録し，保存する習慣が大切である．

実験ノートの書き方を身につけることは，研究者として最も重要な基本である．しかしながら，その指導は一般に軽視されている．実験ノートは，ページ番号が印刷され，しっかりと綴じられ，後々まで保存できるノートがよい．実験日ごとに新しいページに年月日，実験タイトル，簡単な実験目的，内容を記入する．私の場合は，右のページには実験記録，左のページには実験中のアイデア，メモ，略算，文献調査の内容，縮尺，または折りたたんだタイトルつきのスペクトルや写真などの記録コピー，場合によっては袋に入れた試料の一部，記録媒体のタイプと所在，データ整理後のまとめなどを記入することにしている．当然，左右ページの空白部のバランスはとれないが，気にしない．実験中のデータを記録する際にメモ用紙を使うのは厳禁である．なるべく生のままの記録を直接ノートにボールペンで記録する．訂正の場合も横線を引いてその脇に訂正と日付を書く．消しゴムは決して使わずにオリジナルな記録を残しておく．電子データも，修正経過がトレースできるように記録を残しておくことが大切である．

最近は，この目的のためのラボノート（コクヨ実験ノート：ノート B208S など）が発売されており，その書き方を解説するテキストもある（岡崎・隅藏，2007）．ぜひ習慣として身につけてほしい．

> しっかりした実験ノートをとり，保存する習慣をつける．

さらに進んで，卒業研究や大学院の研究では実際の専門研究と同じレベルのものが要求される．つまり，専門研究者の研究発表の場である学会誌に適用するレベルの学問的内容と倫理的レベルが要求される．

学術論文では，その内容のオリジナリティ（著者のしたことと他者のしたことが明確に区別されており，著者独自の新しさがある），客観的合理性（実験手法，解析，理論において論理的矛盾がない），反証担保性（当てはまらないものは当面ない），適用普遍性（類似のほかの現象にも適用できる），説明責任（著者はこの論文の内容すべてに責任を持ち，それを説明できる），貢献性（関連する分野の発展に寄与する内容を持つ）などの点について中立的な専門家によって審査がなされ，この審査に合格した論文レポートのみが学術論文として印刷発表されることとなる．卒業論文はこのための練習の意味がある．

> 科学論文として認められるには必要な条件がある．故意に（または，うっかり）真実を曲げた論文を作るのはルール違反．

論文発表の過程でこれまで数多くのルール違反が問題となっている．これに違反することは，専門研究者としての資格がないことを意味し，多くの場合，その人はそれ以降その分野での研究ができなくなる．正しいと信じて発表した論文であっても，間違った事実や解釈があると気がついたときには，できるだけ早くその修正の手続きをとって公表しなければならない．

ミスコンダクトの一例として，FFPがよく挙げられる．実際には存在しないデータを使って論文を書くことは，捏造（fabrication）であり，データの値を作り変えることは改ざん（falsification）であり，他人のアイデア，研究成果を適切な引用なしで自分のものとして使用することは盗用（plagiarism）である．この3つの頭文字を並べてFFPと呼び，研究者の最も恥ずかしい行為とされている．なぜならば，このような行為は科学者のマナー（倫理）に反するからである．すなわち，このようにして作られた研究論文は信用性がなく，それを利用してさらに新しい研究を進めようとするとひどい目に合う．その論文のみでは素晴らしい研究のように見えるが，実際は全く役に立たないものである．これが発覚して研究を続けられなくなったケースがいくつも報道されている（村松, 2006）．

学生実験でレポートのデータを改ざんすること，他人のデータや考察を無断で使うこと（盗用），思いつきの適当な値を書き込むこと（捏造）がどのような意味を持つかは，こことつながっている（ブロード・ウェイド, 2006）．

このほかにも，マナーに違反する行為がある．社会的モラルに反する実験を行ったり，そのような用語を使用したりすること，読者が誤解しやすいあいまいな言葉を使うこと，断定（…である）と推測（…と考えられる）の表現の違いをごまかすこと，1つの自分の論文を複数の研究のように偽ること，自分の専門ではない分野で専門家のふりをして発言すること，関係のない人を著者に加えること，関係した人を無視すること，偏った目的（例えば，自分の商売，個人的利益など）のために利用すること，偏った参考論文のみを利用することなどがそれである．これらの行為は，まだ自分の研究をしたことがない学部学生の場合にはあまり関係ないが，実際に自分の研究を行う卒業研究，大学院での研究，そして，その後の自立した研究において信頼されなくなったり，職を失ったりと研究者生命に非常に大きな意味を持ってくる．

第 12 章　研究者のマナー

> 実験データのごまかしは，研究者としてやってはいけない最低のこと．

12.6　情報倫理

　大学生のほとんどは，インターネットを利用するときに起こるいくつかの倫理的トラブルについて知っているだろう．自分の名前がネット上に流れてしまい，とんでもないメールが飛び込んできたり，個人的な情報をほかの人が使って思いがけない被害を受けたりすることがあるなどについて，これまでにも注意されてきたはずである．実はそれだけではなく，まだまだ知られていない新しいタイプの事件が毎年次々と起こっている．ほとんどの大学でインターネット事件についてパンフレットなどで学生に注意を喚起している（東京理科大学，2010）．気軽に使ったことが思わぬ大事件として広がったり，とんでもない事件を引き起こしたり，巻き込まれたりするケースがいくつもあるので，ぜひ一覧しておいてほしい．

　一般的なこととして，電子メールを利用する上でやってはいけないことを以下に述べる．
　○　無断で他人の電子メールを読む．
　○　送られてきた電子メールを，送り主に無断で第三者に転送する．
　○　他人のメールを改ざんし，公開する．
　○　他人のアドレスを無断で使用したり，虚偽のアドレスで電子メールを送ったりする．
　○　ウイルスを混入させた電子メールを送る．
　○　相手または他人を誹謗，中傷，名誉毀損するような内容を送る．
　○　他人のプライバシーを侵害した内容を送る．
　○　デマや虚偽の内容を送る．

　また，気をつけなくてはならないのは，前節でも述べたように，著作権侵害である．インターネットや本で公開されている論文，図面，表，アイデア，プログラムなどはそれを作った著作者の権利である著作権が法律で保護されている．そのためにこれを侵害すれば，犯罪となる．論文などの中でそれらを使わなくてはならない場合にはどうしたらよいかを知っていることが，マナーを守る第一歩であることがわかるだろう．

> インターネット利用マナーも，研究者の大切なマナー．

12.7　倫理綱領，行動憲章

　ほとんどの大学では研究活動の持つ社会的責任について倫理綱領や行動憲章を公表することによって，社会に約束（マニフェスト）していることを知っているだろうか（東京理科大学，2007；東京大学大学院工学系研究科，2010；名古屋大学高等教育研究センター，2007）．ホームページでそれらを簡単に見ることができる．この中で大学が約束（マニフェスト）していることは，その大学に所属する教職員はもちろんのこと，学生諸君が社会に約束している内容でもある．教職員も学生もこの責任を実行することが，その大学が建て前だけでなくマニフェストを実行していることにつながるのである．

> もうすでに，あなたも研究者のマナーを大切にすることを約束し，マニフェストしてしまっている．

　同様の約束は，学術団体である各学協会や各官公庁，企業においても宣言されており，請求すれば容易に入手できる．身近な例として，日本の化学者の集まりである日本化学会には「日本化学会会員行動規範」（日本化学会，2009）がある（参考文献参照）．その冒頭には，「日本化学会会員（化学者および化学技術者）は人類，社会，自らの職業，地球環境および教育に対して専門家としての責務を負う．」と述べられ，さらに，「Ⅰ．人権が尊重される職場環境，Ⅱ．知的財産，Ⅲ．安全の確保，Ⅳ．企業技術者として，Ⅴ．科学研究の成果の発表，Ⅵ．大学および研究機関における研究資金の使用と管理ならびに研究記録の管理と取り扱い，Ⅶ．研究開発プロジェクトの申請と審査，Ⅷ．教育者として，Ⅸ．不正行為の防止と事後処理」の各項目について注意すべき行動の規範が指針として述べられている．

　これらの内容は学生には直接関係のない項目も多いが，これからの将来，実際の研究者，技術者である教員，官公庁の技術職，企業の研究者・技術者になるためにも知っておかなければならないマナーが述べられている．化学技術者としての倫理，専門職業人としての倫理（12.9節参照）がこれである．

　さらに気をつけておかなければならないのは，これらの専門化学者の責務は，単に実験室内だけのものではなく，人類，社会，職業としての化学，地球環境，および次世代の人々にまでも広がっていることである．そんなことまでもと驚くかもしれないが，それだけの広がりを持った素晴らしい仕事を君たちは目指していると理解すべきである．

> 専門学術団体（いわゆる学会）で発表するときには，その学会の倫理綱領，行動指針を守る必要がある．

12.8　生物を扱う実験について

　第4章「生物科学実験を始める前に」にも関連するが，生物を利用する実験には，特別の倫理的配慮が必要である．ヒトを対象とするときには，さらに，人権やプライバシーについての配慮も必要である．化学の領域においては，生物化学領域以外では普通はあまり関係がない．しかしながら，共同研究などで生命体を扱う場合には，配慮が必要になってとまどうことがあるので注意が必要である．

　第二次世界大戦中に敵国人や特定の民族など，差別された人々がその基本的人権を無視され，人体実験材料として利用されたことを反省し，医学界を中心としてヘルシンキ宣言（1964年），ベルモント・レポート（1979年）が出された．被験者の福利を保護し，対象動物の苦痛を可能な限り制限する勧告や法令が出されており，各機関ではそのための規定や指針に従うこととなっている．これらの内容はインターネットで簡単に参照できる．この手続きを経ないで発表された論文は研究論文とはみなされないので，注意が必要である．このための手続きには，各大学医学部など，生物関連施設に設置されている倫理委員会による認定（実験規定を満たしているか）が必要とされる．

> 人間，動物などを取り扱う実験（アンケート調査も含む）には，さらに，人権，生存権，苦痛を避ける権利を配慮するルールがある．

12.9 プロとしてのマナー

野球選手のイチローや松井秀喜は，プロとしての行動を常に意識している．そのために絶えず自分の技術の向上を心がけ，サポーターたちの期待に応える成績を心がけ，その上でさらに，信頼され，応援されるに値する生活態度をとるように気をつけている．プロとは，professional（職業人）の略語であるが，この言葉は，profess（自分を公にする）という意味からきている．東日本大震災の救援隊員たちが示したプロの意識もこれと同じである．

職業というのは，それを専門とするという意味だけでなく，その職業を自分の生きがいとし，自分の誇りとして，その仕事の素晴らしさを人々に表し，人々の期待に応えることなのだ．このことをしっかりとつかんで実行している専門家が本当のプロである．

化学を専門とする化学者も，その点でプロでなければならない．そして，プロとして当然守らなければならないマナーがある．

絶えず自分の専門技術と能力を高める努力をすること．それにより学問としての化学の進歩に貢献すること．自分が生み出す成果はそれを支えてくれる人々にも貢献するものであると意識していること．専門の技術，能力を悪いことには使わないこと．一般社会，環境，将来の世界に悪影響を及ぼさないように意識していること．専門以外のことには専門家を装わないこと．

日本の社会では，研究者をプロと呼ぶことは比較的少なく，一般の人たちにとっては縁遠い難しいことをやっている人たちという印象が強くある．けれども，化学者もただ自分の目先の楽しさや業績だけを生きがいとするだけでなく，化学を人類共通のものとして，尊い人類の遺産を作り出すという誇りを持つために，やはりプロとしての意識を持とうではないか．

12.10 マナー違反に気がついたとき

このようなマナーに違反していることに気がついたときには，どうしたらよいだろうか．

例えば，自分のしていることが果たしてマナーに合致しているかどうかわからないとき，無意識にしてしまったミスコンダクトに気がついたが，どうしたらよいかわからないとき，研究室の先生や先輩がマナー違反を強いるとき，あなたの出したデータを指導者が勝手に都合のよいデータに書き換えて発表したとき，自分の出したデータが自分の名前抜きで論文として発表されたときなどが思いつく．

ミスコンダクトの場合には，ミスコンダクトの重大さの程度，影響の範囲と度合い，関係者の倫理的成熟度，その後の人間的関係などが絡んでくることが多い．したがって，このようなトラブルやミスコンダクトの解決法には，いつでも決まった1つの正解があるわけではない．正しい答えは唯一とは限らず，様々なやり方が存在する．そして，必ずしもすべてがスマートな解決法とは限らない．実際の様々な条件の中で，その後のトラブルが最も少なく正しい方向を向いているような妥当な解決法を選ぶのがポイントである．それには，単なる感情や思い込みではなく，十分理解できる客観的な理由とその証拠が必要である．相談される相手にも，また周りの人たちにもその内容が十分理解でき，込み入った人間関係の中でその人たちがあえて協力できるだけの確実さが必要である．ここでもあなたは合理的・客観的な判断をする科学者としての態度を持たなければならない．

ミスコンダクトを自分自身が起こさないことはもちろんであるが，もしこれに巻き込まれたら1人で悩まないで，まずは信頼できる先輩や友人に相談する．次に学生相談室などに相談するのもよいか

もしれない．それでも解決できない場合もある．そのときは，決して焦らないこと．ほかの人にも訴えが正しいと理解できる証拠をそろえること．その意味でも，実験ノートの生のデータ記録が大切となる．自分1人だけの解決努力は，護身的思い込みなどと受け取られて，その後にトラブルが生じて居づらくなったり，場合によっては訴えられたりすることもある．タイミングも重要だが，もっと妥当なやり方があるのに急ぎすぎて失敗することがあることも考えなければならない．

12.11 おわりに

　本章では，限られた紙数で，自分ではまだ実際に研究に携わった経験のない学部生を対象に述べた．そのため細かな説明は省略し，実際に社会に出て化学者，化学技術者として働く際のマナーについてはほとんどを省略している．工学系の大学では，JABEE（日本技術者認定機構）の認定を受けるための必須科目「技術者倫理」があり，これに関連する項目については触れるゆとりがなかったので注意してほしい．本章の末尾には，さらに勉強するためのいくつかの教科書を列挙した．そのほかにも多くの教科書や参考書が毎年何冊も出版されているので，参照するとよい．

　倫理というものは，法律を守ればよいというだけのものではない．法律を守るのは最低限度の倫理である．自動車の運転マナーを考えてもわかるように，互いに気持ちよく，安全に走行できるためには，法律以外にも気配りが必要である．安全（セーフティ）と同じように守らなくても，ふだんは何でもないかもしれないが，いったん事故が起こったり，問題が生じたりしたときにとんでもないことになる．それを起こさない態度がセキュリティ（安全）である．

　実験で生きる化学者も，化学者のコミュニティで専門人として互いに安全で楽しくやっていくのが一番のマナーであろう．

■参考文献

東京理科大学（2010）インターネット事件事例集2010年度版．東京理科大学情報倫理委員会．インターネット利用に関して最近起こった事例をまとめたもので，東京理科大学学生全員に配布されている．

岡崎康司，隅藏康一 編（2007）ラボノートの書き方，羊土社．この本は研究指導者が読むべき本であるが，第3章「ラボノートの書き方」は参考になる．もっと学生用の解説書が必要である．

村松　秀（2006）論文捏造．中央公論新社．ノーベル賞候補といわれた若い研究者の論文偽造事件の背後を追ったドキュメント．

W・ブロード，N・ウェイド（牧野賢治 訳）（2006）背信の科学者たち　論文捏造，データ改ざんはなぜ繰り返されるのか．講談社．論文偽造を行う研究者の心理，行動，環境など多くの事例を紹介している．巻末には1982-2006年までの事例が追加されている．

東京理科大学（2007）研究行動憲章．東京理科大学．東京理科大学の学生はもとより，教職員全員が知っておかなければならない社会に対する約束．

東京大学大学院工学系研究科（2010）科学研究における倫理　ガイドライン．東京大学大学院工学系研究科．東京大学工学系大学院生に配布されている．

名古屋大学高等教育研究センター（2007）名古屋大学新入生のためのスタディティップス①「学識ある市民」をめざして 2007．名古屋大学新入生に配布される大学生活ガイド資料シリーズのひとつ．「第2章　キャンパスの倫理」にまとめられている．

日本化学会（2009）日本化学会会員行動規範．化学者の学会である日本化学会の社会に対する約束（マニフェスト）．日本化学会ホームページ（http://www.csj.jp）参照．

第 12 章　研究者のマナー

■参考となる教科書

古谷圭一（2004）分析に従事する者の倫理．基本分析化学（日本分析化学会 編），p.21-24，朝倉書店．分析化学者のためのやさしい解説．

J・コヴァック（2005）化学者の倫理　こんなときどうする？研究生活のルール．化学同人．上級学年向きのテキスト，自分で判断するための指導書．

米国科学アカデミー編（1996）科学者をめざす君たちへ　科学者の責任ある行動とは．化学同人．上級学年向きで卒論研究に必要．

科学倫理検討委員会編（2007）科学を志す人びとへ　不正を起こさないために．化学同人．

池内了（2007）科学者心得帳　科学者の三つの責任とは．みすず書房．読みやすく，低学年から科学，科学者そのものについて理解できる．

西堀榮三郎（2008）技士道十五ヶ条　ものづくりを極める術．朝日新聞社．第一回南極越冬隊長であった理学博士で企業人でもあった著者の研究者魂を描いたもの．

飯野弘之（2010）新技術者になるということ　これからの社会と技術者　Ver. 7．雄松堂出版．金沢工業大学の全員必修の教科書．

杉本泰治・高城重厚（2008）第4版　大学講義　技術者の倫理　入門．丸善．企業技術者としての経験の上に書かれた工学系の教科書．

小出泰士（2010）JABEE対応　技術者倫理入門．丸善．技術者資格取得機構 JABEE 対応の工学系教科書，JABEE は海外で通用する技術者としての資格を認定し，国内では，技術的相談をする技術士試験に必要な科目，「技術者倫理」の履修を要求している．

練習問題

第2章

2.1 以下の (a)〜(x) の事柄について,正しいか誤っているかを答えよ.

(a) 過去の事故例が自分の実験状況に当てはまっても,事故を未然に防ぐことができない.

(b) 実験を長年経験してきた先生と始めて間もない学生では,危険に対する予測や判断力が異なる.

(c) 加熱型スターラで湯浴を加熱しながら,ビーカーに入ったエーテルを温めた.

(d) バーナーの直火で加熱しながら,三角フラスコで溶媒のメタノールから再結晶を行った.

(e) 金属 Na を水/エタノールの混合溶媒で処理した.

(f) NaN_3 の粉末を瑪瑙乳鉢で摺って,プラスチックのスパチュラで壁面を掻いて集めた.

(g) ニトロ化合物を無色透明のアンプルビンで放置した.

(h) 液体窒素の入ったデュワー瓶に,実験が終了した真空トラップの容器を浸けて放置した.

(i) Pt 錯体を合成した廃液から Pt を回収するため溶液を加熱乾固した.

(j) ケチルラジカルを使用して THF の蒸留を濃縮乾固するまで行った.

(k) アルゴンボンベを閉栓するため,2次弁を右回りにできる限り閉めた.

(l) 内部にオイルがついたゲージを新しい酸素ボンベに装着し開栓した.

(m) 多量の二硫化炭素を用いた実験を,スクラバつきのドラフト内で行った.

(n) 少量の t-ブチルメルカプタンを用いた実験をスクラバつきのドラフト内で行った.

(o) 分液ロートでエーテル抽出を行う場合,エーテルの気化を防ぐため,こまめにはガス抜きを行わなかった.

(p) 硫酸を水で薄めた希硫酸であれば,洋服や皮膚についても安心である.

(q) レーザーの散乱光は弱いため,ベルトバックルや時計などを身につけて実験しても安心である.

(r) 安全メガネを着用しているのでコンタクトレンズを着けたまま強アルカリを使用する実験を行った.

(s) 発煙硝酸が手にわずか1滴ついても,すぐに水洗浄すれば大丈夫である.

(t) ガラス管をゴム栓の穴に挿入する際に,ねじりながら通そうとした.

(u) 加熱した廃ガラスを木屑と一緒に捨てた.

(v) 配位子の中間体でできたナイトロジェンマスタードは,ドラフト内で取り扱えば安心である.

(w) オキシ塩化リンを処理する際にアルコールを使った.

(x) 実験で残った金属 K をエタノールで処理した.

練習問題

2.2 次の化合物を爆発の危険性が高い順に並べよ．
   (a) トルエン　(b) 4-ニトロトルエン　(c) 2,4-ジニトロトルエン　(d) 2,4,6-トリニトロトルエン

2.3 次の化合物のうち，爆発の危険性のあるものを選べ．
   (a) NH_4NO_3　(b) NH_4ClO_4　(c) NH_4Cl　(d) NH_4BF_4

2.4 次のうち，爆発しにくいのはどの化合物か．
   (a) LiN_3　(b) NaN_3　(c) CH_3N_3　(d) $Pb^{II}(N_3)_2$　(e) $Cu^I N_3$　(f) $Cu^{II}(N_3)_2$　(g) $Ag^I N_3$

2.5 次の化合物のうち，最も反応性の低いものはどれか．
   (a) セルロース　(b) セルロイド　(c) ニトロセルロース　(d) コルダイト

2.6 次の化合物が，なぜ爆発しやすいのかを考えよ．
   (a) $Cu^I ClO_4$　(b) $Fe^{II}(ClO_4)_2$　(c) $Hg^{II}(CNO)_2$　(d) $Ag^I CNO$　(e) $Ag^I_3 N \cdot Ag^I NH_2$

2.7 次の化合物を爆発性の危険度が高い順に並べよ．

(a) NF_3　(b) NCl_3　(c) NBr_3　(d) NI_3

2.8 次の爆発性物質について調べよ．

(a) H_2N-NH_2　(b) アミノグアニジン　(c) $[N_5]^+[AsF_6]^-$　(d) 5-アミノテトラゾール　(e) ペンタアジド化合物

2.9 次の化合物の毒性を調べよ．

(a)～(e) 有機リン化合物の構造式

2.10 次の化合物の毒性を調べよ．

(a)～(j) 各種化合物の構造式

第3章

3.1 薬品の安全データシートのことをアルファベット4文字で何というか．また，それに書かれているデータにはどのようなものあるか．

3.2 実験時に白衣を着用する必要性を箇条書きに記せ．

3.3 生体の成長や生殖に関するホルモンの作用を阻害する性質を持つ化学物質のことを環境ホルモン（内分泌攪乱物質）と呼ぶ．以下の化学物質の中で環境ホルモンとして疑われている化学物質は

いくつあるか．

　　エタノール，ダイオキシン，ビスフェノールA，フタル酸エステル，ポリカーボネート

3.4 一元集中管理が実施される前の大学における薬品管理の問題点を述べよ．

3.5 実験室を膨大な数の危険物保管庫にしないための対策について述べよ．

3.6 大気汚染物質に該当しないものはどれか．

　(a) 二酸化炭素　(b) 煤煙　(c) 窒素酸化物　(d) 硫黄酸化物　(e) メタノール

3.7 次の記述で間違っているものはいくつあるか．

　(a) 特定物質とは，健康または生活環境に被害を生ずる恐れのある物質のことで，現在28種類が定められている．

　(b) 特定物質とは，低濃度であっても長期的な摂取により健康に影響を生ずる恐れのある物質のことで，現在234種類が定められている．

　(c) 有害大気汚染物質とは，低濃度であっても長期的な摂取により健康に影響を生ずる恐れのある物質のことで，特定物質に比べて数多く定められている．

　(d) 有害大気汚染物質とは，低濃度であっても長期的な摂取により健康に影響を生ずる恐れのある物質のことで，トルエンやアセトアルデヒドが該当する．

　(e) 有害大気汚染物質のうち，特に優先的に対策に取り組むべき物質として優先取組み物質が定められている．

3.8 身の回りにある商品で，GHS（化学品の分類及び表示に関する世界調和システム）に基づく絵表示のあるものを探せ．

第4章

〈生化学実験〉

4.1 生物試料を取り扱う実験室でのマナーを5つ以上列挙せよ．

4.2 P2レベルの遺伝子組換え実験室に設置する器機類と実験中の措置について述べよ．

4.3 次の滅菌に関する記述の（　）内に適当な語句，数値または記号を記入せよ．

　(a) オートクレーブ滅菌では，121℃の飽和水蒸気中で（①）分間加熱し，（②）などを滅菌する．使用前にはオートクレーブ内の（③）位をチェックし，また使用中にはときどき（④）漏れがないことを確認する．

　(b) 乾熱滅菌では，常圧下，（⑤）℃で約（⑥）時間加熱し，（⑦）などを滅菌する．使用前には滅菌器内に高温で融解する（⑧）などが入っていないことを確認する．

　(c) 紫外線滅菌では，照射線源として（⑨）を用い，培養器具類などの（⑩）の滅菌を行う．

　(d) 培養実験室などでの消毒用エタノールには（⑪）％エタノールが用いられる．

　(e) 微生物を用いる遺伝子組換え実験のうち，哺乳動物などに対する病原性は高いが伝搬性の低いものはクラス（⑫）に分類される．

　(f) P2レベルの遺伝子組換え実験室には設置機器類として，（⑬）と（⑭）を備えなければならない．

　(g) タンパク質や核酸分離のために用いる電気泳動用ゲルに用いるアクリルアミドは（⑮）毒であり，また（⑯）性も報告されている．

(h) 遺伝学的実験に用いるエチレンメタンスルホン酸は発ガン性，（⑰）および（⑱）を有する．
(i) 細胞培養用クリーンベンチの紫外線ランプは使用時には（⑲）とし，使用後には（⑳）とする．

4.4 宿主または核酸供与体の安全性に基づく遺伝子組換え実験のクラスを列挙し，簡単に説明せよ．

4.5 生化学実験で遠心分離機を使用する際の留意点を5つ挙げよ．

<動物実験>

4.6 「カルタヘナ法」について説明せよ．

4.7 動物実験での3Rの原則について説明せよ．

4.8 動物実験での感染防護法を4つ挙げよ．

4.9 動物実験結果に影響を与える因子を3つ挙げ，簡単に説明せよ．

4.10 動物実験の際に動物に与える苦痛度の各カテゴリーを挙げ，簡単に説明せよ．

第5章

5.1 放射線の単位であるグレイ（Gy）とシーベルト（Sv）について説明せよ．

5.2 非密封線源の身体表面などの汚染除去法を簡単に述べよ．

5.3 放射線発生装置取扱い上の注意事項について述べよ．

5.4 放射線による内部被曝と外部被曝について説明せよ．また，外部被曝に対する3つの基本原則を挙げ，簡単に説明せよ．

5.5 内部被曝での放射性物質の排泄と有効半減期について述べよ．

5.6 細胞の放射線感受性と細胞周期について述べよ．

5.7 放射線の個体への影響のうちベルゴニエ・トリボンドーの法則について述べよ．

5.8 放射線の身体的影響のうち急性放射線症について簡単に説明せよ．

5.9 放射線の身体的影響のうち晩発性障害について簡単に説明し，さらにその例を挙げよ．

5.10 放射線による胎内被曝について，被曝時期と障害の現れ方の違いについて記述せよ．

5.11 障防法で規定される「放射線取扱主任者」について説明せよ．

5.12 障防法で規定される「健康診断」について説明せよ．

第6章

6.1 ガラス管をゴム栓に差し込むとき，あるいはゴム栓から抜くときに注意すべき点について述べよ．

6.2 ガラス器具について述べた以下の記述のうち，誤っているものを選べ．
(a) 実験で使用するガラス器具は，使用する前にヒビや割れがないか，よく観察して点検しなければならない．
(b) 摺合せのガラス器具を接続するときには，必要に応じて摺合せ部にシリコーングリスやワセリンを塗るようにする．
(c) 背が高くて倒れやすい装置をガラス器具で組み上げるときは，最も高い位置に置くガラス器具の高さを基準として，それぞれのガラス器具の位置を決める．
(d) ガラスの種類によっては加熱により紫外線を発するものがあるので注意を要する．
(e) メスシリンダ，メスピペット，ピクノメータなど，測容のガラス器具を加熱してはならない．

練習問題

6.3 油回転ポンプを用いて，溶媒の減圧蒸留を行った．蒸留が終わったあと，減圧する必要がなくなったので，装置はそのままで，ポンプの電源を切った．このとき，どのような問題が起こると考えられるかを述べよ．

6.4 デュワー瓶に液体窒素を入れ，ここにトラップ管をつけしばらく席を外したところ，トラップ管に液体が入っていた．このとき，次の問いに答えよ．
 (a) 液体は何かを答えよ．
 (b) この実験の問題点は何か，また，トラップ管に液体が入らないようにするためにどのような点に注意すべきかを答えよ．

6.5 レーザーを取り扱う上での注意点のうち，誤っているものを選べ．
 ①レーザーを設置する部屋は，レーザー光が散乱しないよう適宜遮光設備を用意する．
 ②レーザーの使用者は適切なレーザーゴーグルを着用する．
 ③腕時計，指輪などレーザーを反射する可能性のあるものは外しておく．
 ④装置には必ずアースをつけ，コードの傷や発熱に注意し，漏電などを予防する．
 ⑤光路調整のためにビームを動かす際には周囲にほかの人がいないか確認し，注意を喚起しておく．また，レーザー光が散乱しないよう，顔をビームの高さまで下げて光軸調整を行う必要がある．

6.6 核磁気共鳴装置を使う際に安全上注意すべき点を説明せよ．

6.7 大型機械搬送時の注意事項として，間違っているものを1つ選べ．
 ①男子が1人で安定して支えられる荷重は，20〜25 kgである．
 ②物を持ち上げるときのほうがケガをする危険性が高い．
 ③複数で搬送する場合には，リーダーを決めてかけ声に合わせて行動する．
 ④物を支えるときの姿勢は，背筋を伸ばしたほうがよい．

6.8 ボール盤を使用する際の注意事項として，間違っているものを1つ選べ．
 ①切り屑で手を切らないように，必ず手袋を着用する．
 ②穴径にあった加工速度に調節する．
 ③大きな穴を開ける場合には，段階的に大きくしていく．
 ④貫通が近づいたら，一気に貫通させる．

6.9 ドラフトチャンバの構造について述べ，また使用時の注意点を列記せよ．

第7章

7.1 ボンベの運搬法と注意事項を箇条書きせよ．

7.2 以下のガスについてボンベの色を示せ．
　　　酸素，窒素，水素，塩素，二酸化炭素，アセチレン

7.3 ボンベのバルブ，およびレギュレータの各回転部について，ガスを止める際の回転方向を各自の利き腕に応じて（手の親指側か，小指側か）まとめよ．

7.4 突然ガスが噴出したときの心構えについて，箇条書きにせよ．

7.5 地震時の対策として，以下のことを考えよ．
 ①ボンベが倒れないようにするには，どのようにしたらよいか．
 ②揺れにより配管が破損されないようにするには，どのようにしたらよいか．

練習問題

第8章

8.1 単相200 Vと三相200 Vの違いを述べよ．

8.2 三相電源の接続順序を間違えると，どんな事故が起こる可能性があるかを述べよ．

8.3 単相100 Vの2本のラインは，それぞれホット，コールドと呼ばれることがあるが，その違いを述べよ．

8.4 機器に漏電が生じている場合には，片手でさわっても感電する危険がある．どのような経路で電流が流れて感電するかを述べよ．

8.5 電気・電子機器の調整や修理を行う際の注意点を述べよ．

8.6 バッテリーを使う場合の注意点を述べよ．

8.7 感電事故が発生した場合の対応を述べよ．

8.8 トラッキング火災を防止する方法を述べよ．

8.9 加熱機器を用いる場合の注意点を述べよ．

8.10 電気火災が発生した場合，消火に際して注意すべき点を述べよ．

第9章

9.1 循環型社会形成推進基本法が規定している廃棄物対策の基本原則を優先順に述べよ．

9.2 特別管理産業廃棄物として分類される廃棄物はどのような性質を持っているものか説明せよ．

9.3 無機系廃液中に5％以上の有機物が混入している廃液を有機系廃液として分類する理由を述べよ．

9.4 無機系廃液では含有する重金属の種類に応じて細かく分類している．その理由を述べよ．

9.5 シアン化合物を含有する廃液をポリタンクで保管する場合に守らなければならない重要なルールを述べよ．

9.6 有機系廃液で含塩素化合物や含硫黄化合物をほかの廃液と区別して回収している理由を述べよ．

9.7 放射性物質が混入あるいは付着した実験系廃棄物を通常の産業廃棄物として廃棄することはできるか．

9.8 化学物質で汚染されたガラス器具などは，流しの水道で洗浄する前に予備洗浄を行って排水汚染を防止しなければならない．予備洗浄の回数を決める考え方を説明せよ．

9.9 疑似感染性廃棄物の例を挙げて，これらがなぜ感染性廃棄物として分類されるのか説明せよ．

9.10 廃棄物処理で事故の起こる頻度がほかの分野（製造業など）よりも高いのはどうしてか．

9.11 廃液の取扱いにおいて化学的知識の習得や経験が不可欠であることを，具体的な例を挙げて説明せよ．

第10章

10.1 実験室で火災が発生した場合の処置について説明せよ．

10.2 火災時における避難の注意点を説明せよ．

10.3 実験室における地震対策について説明せよ．

10.4 防災訓練の意義と効果について説明せよ．

10.5 化学薬品が皮膚についた場合の緊急処置として，誤っているものを2つ選べ．
① 酸化カルシウムなどの水と反応する固体（粉末）が皮膚についたときは，乾いた布で十分にふき取ったあと，水洗する．
② 少量の強塩基が皮膚についたときは，直ちに2%酢酸水溶液で洗浄して中和する．
③ 少量の強酸（硫酸を除く）が皮膚についたときは，多量の水で洗った後，薄い水酸化ナトリウム水溶液で洗浄する．
④ 少し時間がたってから皮膚の変色や浮腫が現れた場合は，医療機関で治療を行う．
⑤ 多量の薬品を全身に浴びたときは，すぐに衣服を脱がせ，緊急シャワーを使って洗浄し，そのあとで医療機関に搬送する．

10.6 ガラスによる切り傷，刺し傷を負った場合に行うべき処置として，誤っているものを2つ選べ．
① まず傷口を洗浄して観察したあとに，処置法を決める．
② 傷が皮下組織に達しており，傷口を布で圧迫しても止血できない場合には，傷の心臓から近い側を布でしばり，医療機関へ搬送する．
③ 介助する者は，患者の血液に触れてはいけない．
④ ガラス片が傷口にある場合，傷口が皮下組織に達していなければ，ピンセットで除去して消毒し，絆創膏を貼って様子を見る．
⑤ 出血が激しく，ショック症状がある場合には，半起座位の姿勢をとらせる．

10.7 一般にヤケドの重度は，Ⅰ度からⅢ度の3段階に分けられる．それぞれの段階の症状を簡潔に述べよ．また医療機関で処置を受けるのは，どの段階より重度の場合か．

10.8 防毒マスクを着用する際の最低限のチェック項目を述べよ．

10.9 一般的な消火器の使用手順を述べよ．

10.10 意識を失って倒れている人を見つけたときの対処法を述べよ．

第11章

11.1 化学物質が示す有害性の具体的な内容を説明せよ．

11.2 時間的長さによる毒性の分類，および試験方法による毒性の分類を説明せよ．

11.3 毒性を示す指標としてよく使われるLD_{50}，LC_{50}，NOAEL，ADIが何を表しているのか説明せよ．

11.4 残留性有機汚染物質（POPs）とはどのような物質か説明せよ．

11.5 1992年に開催された国連環境開発会議で採択された化学物質管理の基本的な考え方を説明せよ．

11.6 化学物質の総合管理について説明せよ．

11.7 GHSとは何か，説明せよ．

11.8 日本における代表的な環境法である大気汚染防止法と水質汚濁防止法について概要を説明せよ．

11.9 日本での化学物質管理の代表的法令である化審法（化学物質の審査及び製造等の規制に関する法律）と化管法（特定化学物質の環境への排出量の把握等及び管理の改善の促進に関する法律，PRTR制度を定めた法律）について概要を説明せよ．

11.10 毒物及び劇物取締法（毒劇法）で指定される物質はどのようなものか説明せよ．

練習問題

11.11 労働安全衛生法(安衛法)の目的と化学物質規制の内容を説明せよ.
11.12 消防法が定める危険物の6種類の分類について内容を説明せよ.
11.13 安全管理体制を実効力のあるものとし,薬品に起因する危害を防止するために考慮すべき方策を述べよ.

第12章

12.1 自分の通う大学の倫理綱領や研究行動規範,研究行動憲章などを入手して,あなたが何をマニフェストとしているか調べよ.
12.2 インターネットで「研究者倫理」を探し,現在,社会においてこのテーマがどのように話題となっているかを調べよ.
12.3 実験を行う研究者として,実験マナーのほかに守ったほうが安全なマナーにはどのようなものがあるか列挙せよ.
12.4 あなたがこれから携わる(はず)の研究は,誰に期待され,誰に迷惑を及ぼす可能性があるだろうか.列挙せよ.
12.5 研究成果のFFPとは何か.それが自分にどのような結果をもたらすかを考察せよ.
　【ヒント】:「論文捏造」,「論文改ざん」,「論文盗用」などのキーワードをインターネットで検索する.
12.6 自分の通う大学では,電子メール利用上どのような事件が問題となったかを調べよ.
12.7 2014年に問題となったSTAP細胞論文事件について,問題となっている事項を整理し,それらがなぜ倫理的に問われるのか理由を考え,毎日の自分がやっているデータの記録,論文のまとめ方と対応をつけてみよ.

付　録

付録 1　安全管理のチェックリスト

A. 保全設備，器具

項　目	チェック
1．ドラフトチャンバは正常に機能している．	
2．消火器は所定の場所（標識は貼ってある）にある．	
3．非常用誘導灯は点灯している．	
4．避難路は確保されている．	
5．廊下に物品，装置などは置かれていない．	
6．防災扉の周りに物が置かれていない．開閉は正常である．	
7．非常口周辺に邪魔な物がない．	
8．実験用保護具が整備され，使用／着用基準，取扱い方法は周知徹底されている．	
9．洗眼器が設置され，いつでも使えるようになっている．	
10．安全シャワーは設置されており，正常に放水する．	
11．非常用避難具は設置されている．	

B. 危険な物質などの取扱いと管理

項　目	チェック
1．研究室内の換気は十分である．	
2．耐火性薬品庫の試薬の分別は正しく，薬品庫に表示されている．	
3．危険物，毒物・劇物の管理簿は定期的にチェックされている．	
4．研究室内の危険薬品の保管量は指定数量の 0.2 以下となっている．	
5．引火性，発火性，可燃性，爆発性，異臭性などを有する物質の取扱い，保管，管理に注意している．	
6．毒物・劇物の取扱いと保管（施錠）を厳重に行っている．	
7．試薬は混合危険のないように保管している．	
8．薬品の転倒防止策を施してある．	

付　　録

9．古くなった（変質しやすい）試薬は保管していない．	
10．多量に取り扱う試薬の危険性に関する知識は徹底している．	
11．低沸点溶剤を使用する際，火気対策は適切に行っている．	
12．危険薬品は防爆冷蔵庫に保管されている．	
13．冷蔵庫内に薬品と食品が混在していない．	
14．廃液，廃棄物は決められたルールに従って分別保管されている．	
15．ガス漏洩検知器などは設置され，正常に作動する．	

C. 電気機器などの取扱いと管理

項　目	チェック
1．機器などの取扱い説明書は整備され，取扱い方は周知されている．	
2．電気設備，機器・装置の定期点検を行っている．	
3．ブレーカに異常はない．	
4．コンセントの容量は機器の容量に適している（電流値など）．	
5．コンセント，プラグについて，焼損，破損，加熱したものはない．	
6．プラグ，ターミナルのネジの緩みはない．	
7．テーブルタップは所定の規格のものを用いている．	
8．配線（コード）は通路にはわせていない．	
9．配線（コード）は必要以上に長くしていない．	
10．コードの被覆は老化，磨耗，破損，ヒビ割れなどしていない．	
11．コードにはねじれ，断線の兆候などがない．	
12．コードの選定（容量，種類など）は適当で，熱を持っていない．	
13．コードは高温（60℃以上）の物体に触れていない．	
14．たこ足配線になっていない（接続の状態）．	
15．通電中，機器やスイッチ類には異常音，臭い，温度上昇がない．	
16．機器などの内部にはホコリが溜まっていない．	
17．回転機器の潤滑は十分で，異常音はない．	
18．モータ類には異常加熱はない．	
19．アースは正しくとってある（太さ，締めつけなど）．	
20．圧力装置を使用する場合の防護措置はとっている．	

D. 無人運転時の安全管理

項　目	チェック
1．無人終夜実験を行わないように実験計画を立てている．	
2．連続運転が必要な機器は，毎日安全点検を実施している．	

3．部外者（消防隊など）が機器を非常停止する場合に備え操作手順書を作成し，見やすい場所に掲示してある．	
4．管理責任者を置き，異常の早期検知，対応がとれるようにしてある．	
5．管理責任者の連絡先は表示してある．	

E．地震対策

項　目	チェック
1．棚などの転倒防止（壁，床などに固定）策を施してある．	
2．積み重ねた棚などは上下に連結してある．	
3．落下，転倒の恐れがあるものはない．	
4．通路用スペースには装置類が置かれていない．	
5．メイン通路（避難路）には転倒・移動の恐れがある物品などを設置していない．	
6．ボンベには転倒防止策を施してある．	

F．その他の防災対策

項　目	チェック
1．ガラス器具は破損したものや，傷のあるものを使っていない．	
2．水，油などの浴槽中の液体は汚れていない．	
3．ガス・水道のホースは老朽化やヒビ割れなどしていないし，ねじれていない．	
4．ガスホースを定期的（約3年ごと）に交換している．	
5．ガス管，水道管には腐食や老朽化がないか確認している．	
6．ストーブの周りには可燃物は置かれていない．	
7．不要な可燃物は処分してある．	
8．ゴミ箱は不燃物と可燃物を区別して使用している．	
9．研究室内は定期的な整理，整頓，清掃によって常に清潔に保たれている．	
10．退出時の点検表が見やすい位置に貼ってあり，点検を実施したあと，必ず記帳・施錠を行っている．	
11．非常時の研究室内連絡網は整備されている．	
12．学内外の緊急連絡先は，研究室の見やすい位置に掲示してある．	
13．研究室内の見やすい位置に，非常時の連絡先（研究室スタッフ全員）が掲示してある．	
14．研究室内に災害時の避難マニュアルがある．	
15．研究室スタッフ全員が緊急避難場所を知っている．	
16．研究室スタッフ全員を対象にした安全教育のプログラムがあり，定期的に理解度の評価を行っている．	
17．災害グッズ（ラジオ，懐中電灯，ヘルメット，ハンマーなど）が備えられている．	

付　録

付録2　GHS（化学品の分類及び表示に関する世界調和システム）分類基準に基づく薬品のシンボルマーク

シンボル 名　称	概　要
爆弾の爆発	火薬類（ほとんど），自己反応性化学品，有機過酸化物
炎	可燃性・引火性ガスおよびエアゾール，引火性液体，可燃性固体，自己反応性化学品，自然発火性液体および固体，自己発熱性化学品，水反応可燃性化学品，有機過酸化物
円上の炎	支燃性・酸化性ガス，酸化性液体，酸化性固体
ガスボンベ	高圧ガス（圧縮ガス，液化ガス，溶解ガス，深冷液化ガス）
腐食性	金属腐食性物質 皮膚腐食性・刺激性，目に対する重篤な損傷・目刺激性
どくろ	急性毒性
健康有害性	呼吸器感作性，生殖細胞変異原性，生殖毒性，発ガン性，特定標的臓器／全身毒性，吸引性呼吸器有害性
感嘆符	急性毒性，皮膚腐食・刺激性，目の損傷・刺激性，皮膚感作性，特定標的臓器／全身毒性
環境	水性環境有害性

付録3　日本試薬協会によるシンボルマークと表示語

シンボルマーク 表示語	危険性の内容	国内関連法規	取扱い注意事項
爆発性	衝撃，摩擦，加熱などにより爆発する．	1) 火薬類取締法の第2条第1項に掲げる火薬および爆薬 2) 高圧ガス取締法第2条に規定する高圧ガス	衝撃，摩擦，加熱などを避ける． 必要以上に多量の貯蔵または取扱いをしない．
極引火性	極めて引火性が強い液体 引火点が-20℃未満で沸点が40℃以下，または発火点が100℃以下の液体	1) 消防法の第4類特殊引火物	火気厳禁． 引火した場合に備え，消火設備を準備する．
引火性	引火性の液体 引火点が70℃未満の液体	1) 消防法の第4類第1石油類，アルコール類および第2石油類	火気厳禁． 引火した場合に備え，消火設備を準備する．
可燃性	火炎により着火しやすい固体または低温で引火しやすい固体，並びに，引火しやすいガス	1) 消防法の第2類可燃性固体 2) 安衛法施行令別表第1の第5号に規定する可燃性ガス	火源との接触を避ける． 引火または着火した場合に備え，消火設備を準備する．
自然発火性	空気中において自然に発火する性質がある．	1) 消防法の第3類自然発火性物質 2) 危規則告示別表第6の自然発火性物質の項目の品名欄に掲げるもの（自己発熱性物質及びその他の自然発火性物質を除く）	空気との接触を避ける．
水反応可燃性	水と接触して発火し，または可燃性ガスを発生する性質がある．	1) 消防法の第3類禁水性物質 2) 危規則告示別表第6のその他の可燃性物質の項目の品名欄に掲げるもの（その他の可燃性物質を除く）	水や湿気との接触を避ける． 取扱い中には直接皮膚に触れないようにする．
酸化性	可燃物との混在により，燃焼または爆発を起こす．	1) 消防法の第1類酸化性固体および第6類酸化性液体 2) 危規則告示別表第7の酸化性物質の項目の品名欄に掲げるもの（その他の酸化性物質を除く）	可燃性物質および還元性物質との接触を避ける．

付　録

シンボルマーク 表示語	危険性の内容	国内関連法規	取扱い注意事項
自己反応性	加熱や衝撃などにより多量に発熱，または爆発的に反応が進行する．	1) 消防法の第5類自己反応性物質	衝撃，摩擦，加熱などを避ける．
猛毒性	飲み込んだり，吸入したり，あるいは皮膚に触れたりすると有毒である． ［参考］LD_{50}：30mg/kg以下（ラット，経口）	1) 毒劇法の毒物 2) 毒劇法に該当していない品目で，危規則告示別表第4の品名欄に掲げるもの（その他の毒物を除く）のうち，猛毒性のもの	飲み込んだり，吸入したり，皮膚に触れたりしないようにする．取扱い時には保護具（保護手袋，保護メガネ，防毒マスクなど）を着用する．身体に異常のある場合は，医師の診察を受ける．
毒性	飲み込んだり，吸入したり，あるいは皮膚に触れると有害である． ［参考］LD_{50}：30〜300mg/kg以下（ラット，経口）	1) 毒劇法の毒物 2) 毒劇法に該当していない品目で，危規則告示別表第4の品名欄に掲げるもの（その他の毒物を除く）のうち，毒性のもの	飲み込んだり，吸入したり，皮膚に触れたりしないようにする．取扱い時には保護具（保護手袋，保護メガネ，防毒マスクなど）を着用する．身体に異常のある場合は，医師の診察を受ける．
有害性	飲み込んだり，吸入したり，あるいは皮膚に触れると有害の可能性がある． ［参考］LD_{50}：200〜2000mg/kg以下（ラット，経口）	1) 毒劇法に該当していない品目で，危規則告示別表第4の品名欄に掲げるもの（その他の毒物を除く）のうち，有毒性のもの 2) 平成4年2月10日付け基発第51号通達等により公表した変異原性が認められた既存化学物質など 3) 平成3年6月25日付け基発第414号の3通達等により公表した変異原性が認められた新規化学物質など 4) 化審法第2条に規定する第2種特定化学物質および指定化学物質	飲み込んだり，吸入したり，皮膚に触れたりしないようにする．取扱い時には保護具（保護手袋，保護メガネ，防毒マスクなど）を着用する．身体に異常のある場合は，医師の診察を受ける．
刺激性	皮膚，目，呼吸器官などに痛みなどの刺激を与える可能性がある．	関連法規なし	皮膚，目，衣服などに触れないようにする．取扱い時には必要に応じて適切な保護具を着用する．
腐食性	皮膚または装置などを腐食する．	1) 危規則告示別表第3の品名欄に掲げるもの（その他の腐食性物質を除く）	皮膚，目，衣服などに触れないようにする．取扱い時には保護具（保護手袋，保護メガネ，防毒マスクなど）を着用する．

付録4　化学物質データ（MSDSおよびそれ以外）のウェブサイト一覧

(a) MSDS

提供元	内容	ウェブサイト
安全衛生情報センター	GHS対応MSDS	http://www.jaish.gr.jp/anzen_pg/GHS_MSD_FND.aspx
日本試薬協会	市販の化学薬品のMSDS	http://www.j-shiyaku.or.jp/home
製品評価技術基盤機構	PRTR法指定化学物質データベース	http://www.prtr.nite.go.jp
環境省	PRTR法指定化学物質データベース	http://www.env.go.jp/chemi/prtr/risk0.html
厚生労働省	既存化学物質毒性データベース	http://dra4.nihs.go.jp/mhlw_data/jsp/SearchPage.jsp
SIRI	SIRIのMSDS	http://siri.org/msds/index.php
Sigma-Aldtich	シグマ・アルドリッチ社のMSDS	http://www.sigma-aldrich.com
Merck	メルク社作成のMSDS	http://www.merckgroup.com/en/index.html

(b) MSDS以外

提供元	内容	ウェブサイト
化学物質評価研究機構	化学物質ハザードデータ集 化学物質有害性評価書 化学物質特性予測システム	http://www.cerij.or.jp
神奈川県環境科学センター	化学物質安全情報提供システム（kis-net）	http://www.k-erc.pref.kanagawa.jp/kisnet
製品評価技術基盤機構	化学物質総合情報提供システム（CHRIP）	http://www.safe.nite.go.jp
国立医薬品食品衛生研究所（NIHS）	国際化学物質安全性カード（ICSC）	http://www.nihs.go.jp/ICSC

付　録

付録5　MSDSの例（酢酸銅）

TCI　東京化成工業株式会社

Copper(I) Acetate　　　　　整理番号　2　　　　作成・改定日 2010/12/12　　　1 / 4

作成・改定日 2010/12/12

製品安全データシート

1. 製品及び会社情報
    - 製品名　　　　　　　Copper(I) Acetate
    - 製品コード　　　　　A1540
    - 会社名　　　　　　　東京化成工業株式会社
    - 住所　　　　　　　　東京都北区豊島6丁目15番9号
    - 担当部門　　　　　　営業部
    - 電話番号　　　　　　03-3668-0489
    - FAX番号　　　　　　 03-3668-0520
    - メールアドレス　　　sales@tokyokasei.co.jp
    - 整理番号　　　　　　2

2. 危険有害性の要約
    - GHS分類
        - 物理化学的危険性　　　　　　　　　　　　　該当区分なし
        - 健康に対する有害性
            - 皮膚腐食性／刺激性　　　　　　　　　　区分2
            - 眼に対する重篤な損傷／眼刺激性　　　　区分2A
        - 環境に対する有害性　　　　　　　　　　　　該当区分なし
    - ラベル要素
        - 絵表示又はシンボル

        （感嘆符マーク）

        - 注意喚起語　　　　　　　　　　　　　　　　警告
        - 危険有害性情報　　　　　　　　　　　　　　皮膚刺激
          　　　　　　　　　　　　　　　　　　　　　強い眼刺激
    - 注意書き
        - 【安全対策】　　　　取扱い後はよく手を洗うこと。
          　　　　　　　　　　保護手袋および保護眼鏡、保護面を着用すること。
        - 【応急措置】　　　　眼に入った場合、水で数分間注意深く洗うこと。コンタクトレンズを容易にはずせる場合は外して洗うこと。
          　　　　　　　　　　眼の刺激が続く場合は、医師の診断、手当てを受けること。
          　　　　　　　　　　皮膚に付着した場合、多量の水と石鹸で洗うこと。
          　　　　　　　　　　皮膚刺激が生じた場合、医師の診断、手当てを受けること。
          　　　　　　　　　　汚染された衣類を脱ぎ、再使用する場合には洗濯すること。

3. 組成、成分情報
    - 化学物質／混合物の区別　　　化学物質
    - 化学名又は一般名　　　　　　酢酸銅(I)
    - 濃度又は濃度範囲　　　　　　>93.0%(T)
    - CAS番号　　　　　　　　　　 598-54-9
    - 別名　　　　　　　　　　　　Acetic Acid Copper(I) Salt
    - 化学式：　　　　　　　　　　$C_2H_3CuO_2$
    - 官報公示整理番号

付録6　混合危険（混触危険）の例

対象物質	混ぜてはいけないもの
過酸化水素	金属酸化物（二酸化マンガン，酸化水銀など）
過硫酸	二酸化マンガン
ハロゲン（フッ素，塩素，臭素，ヨウ素など），有機ハロゲン化合物	アジド（アジ化ナトリウム，アジ化銀など），アミン（アンモニア，ヒドラジン，ヒドロキシルアミンなど）
アンモニア	金属（Hg, Au, Ag など），ハロゲン，$Ca(ClO_3)$
アジ化ナトリウム	金属（Cu, Zn, Pb, Ag など）
有機ハロゲン化合物	金属（アルカリ金属，Mg, Ba, Al）
アセチレン	金属（Hg, Ag, Cu, Co など），ハロゲン
アニリン	HNO_3，H_2O_2
アセトン	混酸（$HNO_3+H_2SO_4$）
酢酸	HNO_3，クロム酸，過マンガン酸塩，過酸化物
シュウ酸，酒石酸，フマール酸	Ag, Hg, Cu
ヒドラジン	H_2O_2，HNO_3，酸化物
有機過酸化物	有機酸，無機酸，アミン類

付録7　環境・安全関係法規のウェブサイト一覧

1. 法規関係

法規など	提供元	ウェブサイト
・消防法関連	総務省消防庁	http://www.fdma.go.jp/concern/law/index.html
・毒物及び劇物取締法関連	厚生労働省	http://www.nihs.go.jp/mhlw/chemical/doku/dokuindex.html
	国立医薬品衛生研究所	http://www.nihs.go.jp/law/dokugeki/dokugeki.html
・高圧ガス保安法関係	経済産業省原子力安全・保安院	http://www.nisa.meti.go.jp/law/law8.html
・特定化学物質の環境への排出量の把握及び管理の改善の促進に関する法律（化管法）関連	環境省	http://www.env.go.jp/chemi/prtr/risk0.html
・PRTR制度について	製品評価技術基盤機構（NITE）	http://www.prtr.nite.go.jp/prtr/prtr.html
・労働安全衛生法（安衛法）関連	総務省	http://law.e-gov.go.jp/htmldata/S47/S47HO057.html
・化学物質の審査及び製造等の規制に関する法律（化審法）関連	環境省	http://www.env.go.jp/chemi/kagaku/index.html

付　録

2. その他の関連情報

	提供元	ウェブサイト
・化学物質などによる事故事例検索サイト	職場の安全サイト（厚生労働省）	http://anzeninfo.mhlw.go.jp/user/anzen/kag/kagaku_index.html
	産業技術総合研究所	http://riodb.ibase.aist.go.jp
	製品評価技術基盤機構（NITE）	http://www.jiko.nite.go.jp
	国立医薬品食品衛生研究所	http://www.nihs.go.jp/index-j.html
・WEBラーニングプラザ	化学反応の安全コース（JST）	http://weblearningplaza.jst.go.jp/cgi-bin/user/top.pl?next=lesson_list&type

付録8　生物科学関連法規および資料ウェブサイト一覧

法規など	ウェブサイト
ヘルシンキ宣言	http://www.med.or.jp/wma/helsinki08_j.html
カルタヘナ法	http://www.bch.biodic.go.jp
臨床研究に関する倫理指針	http://www.mhlw.go.jp/general/seido/kousei/i-kenkyu/index.html
ヒトゲノム・遺伝子解析研究に関する倫理指針	http://www.mhlw.go.jp/general/seido/kousei/i-kenkyu/index.html
生命倫理・安全に対する取組み	http://www.lifescience.mext.go.jp/bioethics/index.html
特定胚研究（クローン技術含む）	http://www.lifescience.mext.go.jp/bioethics/clone.html
日本版バイオセーフティクリアリングハウス（J-BCH）	http://www.bch.biodic.go.jp
遺伝子組換え生物の使用について（文部科学省）	http://www.lifescience.mext.go.jp/bioethics/data/anzen/rule_01.pdf

索　引

α線, β線, γ線　59
2,3,7,8-四塩化ジベンゾ-p-ジオキシン　123
3R　52
4S　3
6の規則　16

ADI　123
AED　114, 121
biohazard　37
BOD　27, 103
Bq　59
fabrication　133
falsification　133
FFP　133
G1期　66
G2期　67
GHS　18, 124, 150
　　——のシンボルマーク　150
GHS分類基準　18
Gy　59, 60
LC_{50}　123
LCLO　123
LD_{50}　123
LDLO　123
M期　67
MNNG　48
mouth-to-mouth法　114
MSDS　18, 32, 153, 154
N-メチル-N'-ニトロ-N-ニトロソグアニジン　48
NaN_3　9, 16
NH_4NO_3　15
NOAEL　123
P1〜P3レベル　44
PCB　100
plagiarism　133
POPs　123
professional　136
PRTR　125
PRTR制度　155
RDX　14
REACH規制　124

$rule\ of\ six$　16
S期　66
safety　129
SCAW　53
security　129, 131
Sv　59, 60
THF　8, 10
TNT　14
TSCA　124
UNEP　123
UVイルミネーター　51
X線　59
X線発生装置　62

●あ行

アイシャワー　111, 121
亜急性毒性　122
悪臭　11
悪臭防止法　124
アクリルアミド　47
アジェンダ21　123
アジ化物, アジド, アジド化合物　9, 16
アスベスト　28, 124
アセチレン　90
圧縮ガス　86
圧力調整器　→レギュレータ
　　——の使い方　93
圧力容器　→ボンベ
　　——の定期検査　92
アルカリ　12
アルコールランプ　74
泡消火剤　120
安衛法　→労働安全衛生法
安全　129, 130
安全管理体制　127
安定同位元素　58
アンモニア　90

石綿　28, 124
イソプロピルエーテル　10
一般廃棄物　100

遺伝子改変動物　55
遺伝子組換え実験　40, 41
遺伝子組換え生物　41
遺伝毒性　122
違法行為　129
引火性液体　20
インターロック　63

液化ガス　86, 91
液体吸収材　120
液体酸素　92
液体窒素　77, 91, 92
液体ヘリウム　77, 91
エチジウムブロマイド　47
エチルメタンスルホン酸　48
塩化水素　90
遠心機　49
塩素　90
塩素ガスボンベ　91

汚染器具の洗浄回数　105
オートクレーブ　49
オリジナリティ　131, 133

●か行

加圧液化ガス　86, 90
加圧器具　75
改ざん　133
回転ポンプ　76
回復期　68
外部被曝　64
過塩素酸塩　9
科学のマナー　133
化学物質安全データシート　18
化学物質の審査及び製造等の規制に関する法律　124
化学物質の分類・表示に関する世界調和システム　124
化学兵器の禁止及び特定物質の規制等に関する法律　126
化管法　→特定化学物質の環境への排出量の把握等及び管理の改善の促進に関する法律

索　引

核原料物質，核燃料物質及び原子炉の規制に関する法律　126
拡散防止措置　41, 43
拡散防止措置レベル　44
拡散ポンプ　76
核子　58
核磁気共鳴装置　79
学術会議ガイドライン　56
覚せい剤取締法　125
過酸化物　10
化審法　→化学物質の審査及び製造等の規制に関する法律
ガスコンロ　74
カートリッジヒータ　75
加熱型スターラ　7
加熱器具　74
可燃性ガス　86
可燃性固体　20
ガラス管　73
ガラス細工　13, 73
カルタヘナ法　40, 156
環境ホルモン　29
環境ホルモン疑似物質　29
寒剤　76
間接作用　66
間接電離放射線　59
感染性廃棄物　100〜102, 106
乾燥機　81
感電　97, 113
感電事故　96, 97
顔面防護　115

危害防止管理規程　127
危険物　19
危険有害性　18, 30, 31
疑似感染性廃棄物　106
希釈消火　119
気道確保　114
客観的合理性　133
キャビネット　44
救急措置　110
吸収線量　60
急性毒性　122
急性放射線死　68
急性放射線症　68
教育訓練　70
強化液消火器　120
切り傷　112
緊急シャワー　111, 120
禁水性物質　20
金属K　8

金属Na　8

クオーク　58
グラインダ　82
クリーンベンチ　45
グレイ　59, 60
クロルスルホン酸　13
クロロホルム　48
軍手　19

警報装置　63
劇物　23
下水道法　124
研究者のお行儀　129
研究者の社会的責任　131
健康診断　70
原子核　58
原子番号　58
原子炉等規制法　→核原料物質，核燃料物質及び原子炉の規制に関する法律

高圧ガス　86
　──の定義　92
高圧ガス保安法関係　155
高圧蒸気滅菌器　49
恒温槽　81
貢献性　133
工作機械　81
行動憲章　134
国連環境計画　123
混合危険　33, 155
混触危険　33, 155
コンタクトレンズ　12
コンデンサ　97

●さ行

催奇形性　122
再生利用　100
細胞周期　66
細胞毒性　122
刺し傷　112
酸化性液体　20
酸化性固体　20
産業廃棄物　100, 105
三相三線式200V　95
三相電源　96
残留性有機汚染物質　123

シアン　105
シアン化水素　103

2,3,7,8-四塩化ジベンゾ-p-ジオキシン　123
紫外線照射装置　51
事業系廃棄物　101
ジクロロメタン　103
刺激性物質　23
自己反応性物質　20
地震　109
地震対策　109
自然発火性　20
実験器具の洗浄方法　128
実験計画　4
実験動物の福祉　52
実験ノート　132
実験廃棄物の分類フロー　104
実験マナー　129
質量数　58
質量分析装置　79
自動体外式除細動器　114
支燃性ガス　86
シーベルト　59, 60
ジメチル水銀　14
謝辞　131
臭化エチジウム　47
重金属類　100
重粒子線　59
循環型社会形成推進基本法　100
消火器　85, 118, 119
　──の使い方　119
消火砂　118
消火スプレー　120
消火布　118
消火用具　117
照射線量　60
消毒　37
消毒剤　38
消防法　19, 126
　──における危険物の分類　127
障防法　→放射性同位元素等による放射線障害の防止に関する法律
消防法関連　155
情報倫理　134
初期消火　108
初期消火法　108
職業人　136
真空ポンプ　11, 75
神経毒性　122
人工呼吸　114
心臓マッサージ　114
身体防護　116
心肺蘇生　114

索　引

心肺停止　121
シンボルマーク　18, 150, 151

水質汚濁物質　27
水質汚濁防止法　101, 124
水流ポンプ　76

生化学的毒性　122
生活系廃棄物　101
清潔　3
青酸ガス　103
清掃　3
整頓　3
製品安全データシート　154
生物化学的酸素要求量　27, 103
生物学的半減期　65
整理　3
セキュリティ　129, 130
接地　96
説明責任　133
洗眼器　121
前駆期　68
線減弱係数　64
先見性　131
洗浄液　73
洗浄回数の目安　103
潜伏期　68
線量当量　60
線量率　64

● た行

ターボ分子ポンプ　76
第1～6類危険物　20～22
ダイアフラム式真空ポンプ　76
第一種使用等　42
対陰極　62
ダイオキシン　28, 123, 124
大気汚染物質　24
大気汚染防止法　124
胎内被曝　69
第二種使用等　42
卓上旋盤　83
タコ足配線　97
単結晶X線回折装置　62
炭酸ガス消火器　119
単相100V　96
単相200V　96
単相三線式200V　95

チェックリスト　147
窒息消火　119

注射針　106
中性子　58
中性子線　59
超伝導磁石　91
直接作用　66
著作権　134
著作権侵害　134

適用普遍性　133
データ
　──の正確さ　132
　──の精度　132
テトラクロロエチレン　124
手袋　116
テーブルタップ　97
デュワー瓶　92
電気泳動用装置　50
電気火災　97, 98
電極のつけ方　121
電子スピン共鳴装置　79
電離則　→電離放射線障害防止規則
電離放射線障害防止規則　69, 70
電力の供給方式　95

同位元素　58
凍傷　91, 113
動物飼育施設　53
動物実験　51
動物実験委員会規定　56
動物実験規定　56
動物実験指針　56
動物実験実施承認規定　56
動物飼養保管施設・動物実験室承認
　規定　56
動物福祉　55
盗用　133
毒ガス　13
毒ガスボンベ　90
毒劇法　→毒物及び劇物取締法
毒性ガス　86
独創性　131
特定化学物質の環境への排出量の把
　握及び管理の改善の促進に関する
　法律　125, 155
特定物質　25
特定有害物質　26
毒物　23
毒物及び劇物取締法　125, 127, 155
特別管理一般廃棄物　100
特別管理産業廃棄物　100
特別有害産業廃棄物　105

土壌汚染物質　26
トーチ　74
ドライアイス　77
トラッキング火災　98
ドラフトチャンバ　84
トリクロロエチレン　124

● な行

ナイトロジェンマスタード　13
内部被曝　65
ナロービーム　63

二酸化炭素　90
ニトロ化合物　9
日本試薬協会のシンボルマーク
　151
二硫化炭素　11

捏造　133

農薬取締法　125

● は行

廃アルカリ　100, 105
バイオハザード　37, 39, 106
廃酸　100, 105
排水基準　105
配電盤　95
廃油　100
爆発　14, 109
爆発事故　8, 16
爆発性化合物　9
爆薬　14
破傷風毒素　123
発煙硝酸　13
発煙硫酸　13
発火事故　7
発ガン性　122
発症期　68
バッテリー　97
バーナー　74
バルブ　89
　──の構造　89
ハロン消火剤　120
半起座位　112
反証担保性　133
晩発性障害　68

非常階段　110
非常口　110
非常用ライト　120

159

索　　引

左ネジ　93
引張り試験装置　81
ヒトゲノム・遺伝子解析研究に関する倫理指針　156
避難　109, 110
避難経路　109, 110
病原微生物　39
病原微生物実験レベル　39

フェイスシールド　115, 116
フェノール　48
不活性ガス　86
腐食性物質　23
ブタン　90
物理的半減期　65
ブレーカ　97
プレス機械　80, 81
プロとしてのマナー　136
プロパン　90
分電盤　95
粉末消火器　119

ベクレル　59
ベルゴニエ・トリボンドーの法則　67
ヘルシンキ宣言　135, 156
ベルモント・レポート　135
変異原性　122
ベンゼン　124

防災器具　84, 114
防災訓練　110
放射性同位元素　58
放射性同位元素等による放射線障害の防止に関する法律　69, 126
放射線感受性　67
放射線業務従事者　70
放射線障害予防規程　69

放射線損傷　63
放射線取扱主任者　69
放射能量　59
防毒マスク　116, 117
法の遵守　2
ホウ・レン・ソウ　6
保護メガネ　19, 115
ホットプレート　7, 75, 98
ボツリヌス毒素　123
ボール盤　81, 82
ホルムアルデヒド　28
ボンベ
　――の色　87
　――の運搬方法　87
　――の置き方　87
　――の刻印　88
　――の定期検査　92
　――の表示　87

● ま行

マグネトロン　79
マスク　19
マスタード　13
マナー　129, 133, 135, 136
麻薬及び向精神薬取締法　125
慢性毒性　122
マントルヒータ　75, 98

右ネジ　93
ミスコンダクト　129, 132
水消火器　120

滅菌　37
滅菌法　38
メルカプタン　11
免疫毒性　122

● や行

薬品管理システム　128
ヤケド　113

有害金属　105
有機金属　8
有機溶媒　105
優先取組み物質　25

容器弁　→バルブ
　――の構造　89
陽子　58
陽子線　59

● ら行

雷酸銀　10
ラボノート　132

リサイクル　100
リボンヒータ　75
硫化水素　90
臨床研究に関する倫理指針　156
倫理　129, 133, 134
倫理委員会　135
倫理綱領　134
倫理的マナー　129

ルール違反　132

冷却液化ガス　91
冷却消火　119
レギュレータ　86, 88
　――の使い方　93
レーザー　12, 77

漏電　96
労働安全衛生法　126, 155

研究のためのセーフティサイエンスガイド
　―これだけは知っておこう―　　　　　　定価はカバーに表示

2012 年 3 月 20 日　初版第 1 刷
2024 年 8 月 1 日　　　第 9 刷

編　者　東京理科大学
　　　　安全教育企画委員会

発行者　朝　倉　誠　造

発行所　株式会社　朝倉書店

東京都新宿区新小川町 6-29
郵便番号　　162-8707
電　話　03 (3260) 0141
Ｆ Ａ Ｘ　03 (3260) 0180
https://www.asakura.co.jp

〈検印省略〉

Ⓒ 2012 〈無断複写・転載を禁ず〉　　　　　　　　　　Printed in Korea

ISBN 978-4-254-10254-3　C 3040

JCOPY　〈出版者著作権管理機構　委託出版物〉
本書の無断複写は著作権法上での例外を除き禁じられています．複写される場合は，
そのつど事前に，出版者著作権管理機構（電話 03-5244-5088, FAX 03-5244-5089,
e-mail: info@jcopy.or.jp）の許諾を得てください．

前東大 田村昌三編

化学プロセス安全ハンドブック

25029-9 C3058　　　B 5 判 432頁 本体20000円

化学プロセスの安全化を考える上で基本となる理論から説き起こし，評価の基本的考え方から各評価法を紹介し，実際の評価を行った例を示すことにより，評価技術を総括的に詳説。〔内容〕化学反応／発火・熱爆発・暴走反応／化学反応と危険性／化学プロセスの安全性評価／熱化学計算による安全性評価／化学物質の安全性評価実施例／化学プロセスの安全性評価実施例／安全性総合評価／化学プロセスの危険度評価／化学プロセスの安全設計／付録：反応性物質のDSCデータ集

前東大 田村昌三総編集

危　険　物　の　事　典

25247-7 C3558　　　A 5 判 512頁 本体18000円

本事典は危険物に関わる基本的事項―化学物質の発火・爆発危険，有害危険，環境汚染等の潜在危険，危険物の関連法規，危険性評価法，危険物による災害防止や危険物の国際動向等―を平易に解説。特に〔用語編〕では危険物関連用語約300について，〔物質編〕では主要な化学物質約500についてデータを含めて解説。〔混合危険〕では，危険物取扱時の混合による発火・爆発や有害ガス発生等の混合危険の代表例を解説，〔災害事例〕では代表的な危険物による災害事例を例示

前東大 田村昌三編

危険物ハザードデータブック

25249-1 C3058　　　B 5 判 512頁 本体19000円

実験室や化学工場で広く用いられている化学物質のうち，消防法，毒・劇物取締法，労働安全衛生法，高圧ガス保安法等に記載されている危険物2400余を網羅。物理的特性，燃焼危険性，有害危険性，火災時の措置等のデータを一覧表形式で掲載。研究開発から現場での安全管理まで広く役立つ実用的な内容。化学・環境関連の研究者・技術者必備の一冊。〔内容〕CAS No.／危険物分類／外観／比重／沸点／融点／溶解度／引火点／発火点／爆発範囲／LC_{50}／火災時の措置／他

前東大 田村昌三・東大 新井 充・東大 阿久津好明著

エネルギー物質と安全

25028-2 C3058　　　A 5 判 176頁 本体3200円

大きな社会問題にもなっているエネルギー物質，化学物質とその安全性・危険性の関連を初めて体系的に解説。〔内容〕エネルギー物質とその応用／エネルギー物質の熱化学／安全の化学／化学物質の安全管理と地震対策／危険物と関連法規

前名大 後藤繁雄編著　名大 板谷義紀・名大 田川智彦・
前名大 中村正秋著

化　学　反　応　操　作

25034-3 C3058　　　A 5 判 128頁 本体2200円

反応速度論，反応工学，反応装置工学について基礎から応用まで系統的に平易・簡潔に解説した教科書，参考書。〔内容〕工学の対象としての化学反応と反応工学／化学反応の速度／均一系の反応速度／不均一系の反応速度／反応操作／反応装置

日薬大 船山信次著

毒　と　薬　の　科　学
―毒から見た薬・薬から見た毒―

10205-5 C3040　　　A 5 判 224頁 本体3800円

「毒」と「薬」の関係や，自然界の毒，人間の作り出す毒などをわかりやすく解説。身近な話題から専門知識まで幅広く取り上げる。〔内容〕毒と人間文化／毒の歴史／毒の分類と毒性発揮・解毒／生物界由来の毒／化学合成された毒／無機毒

農工大 渡邉 泉・前農工大 久野勝治編

環　境　毒　性　学

40020-5 C3061　　　A 5 判 264頁 本体4200円

環境汚染物質と環境毒性について，歴史的背景から説き起こし，実証例にポイントを置きつつ平易に解説した，総合的な入門書。〔内容〕酸性降下物／有機化合物／重金属類／生物濃縮／起源推定／毒性発現メカニズム／解毒・耐性機構／他

北大 藤田正一編

毒　　性　　学
―生体・環境・生態系―

46022-3 C3040　　　B 5 判 304頁 本体9800円

国家試験出題基準の見直しでも重要視された毒性学の新テキスト。〔内容〕序論／生体毒性学（生体内動態，毒性物質と発現メカニズム，細胞・臓器毒性および機能毒性）／エコトキシコロジー／生体影響および環境影響評価法

前名大 古川路明著
現代化学講座15

放　射　化　学

14545-8 C3343　　　A 5 判 240頁 本体4500円

エネルギー問題や人間生活に深い関連をもつ放射能を，エピソードも含めて化学的に詳述。〔内容〕放射能／放射壊変／核反応／放射性元素／放射線と物質の相互作用／放射線の検出と測定／放射能と化学／核現象と宇宙地球化学／核エネルギー

前日赤看護大 山崎　昶監訳
お茶の水大 森　幸恵・お茶の水大 宮本惠子訳

ペンギン化学辞典

14081-1　C3543　　　　A 5 判　664頁　本体6700円

定評あるペンギンの辞典シリーズの一冊"Chemistry(Third Edition)"(2003年)の完訳版。サイエンス系のすべての学生だけでなく，日常業務で化学用語に出会う社会人(翻訳家，特許関連者など)に理想的な情報源を供する。近年の生化学や固体化学，物理学の進展も反映。包括的かつコンパクトに8600項目を収録。特色は①全分野(原子吸光分析から両性イオンまで)を網羅，②元素，化合物その他の物質の簡潔な記載，③重要なプロセスも収載，④巻末に農薬一覧など付録を収録。

前北大 高田誠二編著

理工学 量の表現辞典（普及版）
―JIS用語から新計量法単位へ―

10239-0　C3540　　　　A 5 判　512頁　本体12000円

1966年以来の大改正で1993年11月に施行された新計量法に準拠する"単位の辞典"への新アプローチ。「国際単位系に読者を誘う，量の表現のための2階層シソーラス辞典。理工学の情報を発信・受信する人々に推薦します。」(計量研究所所長(刊行当時)・栗田良春)。〔内容〕量から表現へ(現代理工学上の量的表現とその解説)／表現はSIへ(現今もっとも適切と認められている公的な表現と解説)／SIからはずれた表現の処理(法的根拠を失う単位，分野を制限される単位)

東大 渡辺　正監訳

元素大百科事典

14078-1　C3543　　　　B 5 判　712頁　本体26000円

すべての元素について，元素ごとにその性質，発見史，現代の採取・生産法，抽出・製造法，用途と主な化合物・合金，生化学と環境問題等の面から平易に解説。読みやすさと教育に強く配慮するとともに，各元素の冒頭には化学的・物理的・熱力学的・磁気的性質の定量的データを掲載し，専門家の需要に耐えるデータブック的役割も担う。"科学教師のみならず社会学・歴史学の教師にとって金鉱に等しい本"と絶賛されたP. Enghag著の翻訳。日本が直面する資源問題の理解にも役立つ。

首都大 伊与田正彦・東工大 榎　敏明・東工大 玉浦　裕編

炭素の事典

14076-7　C3543　　　　A 5 判　660頁　本体22000円

幅広く利用されている炭素について，いかに身近な存在かを明らかにすることに力点を置き，平易に解説。〔内容〕炭素の科学：基礎(原子の性質／同素体／グラファイト層間化合物／メタロフラーレン／他)無機化合物(一酸化炭素／二酸化炭素／炭酸塩／コークス)有機化合物(天然ガス／石油／コールタール／石炭)炭素の科学：応用(素材としての利用／ナノ材料としての利用／吸着特性／導電体，半導体／燃料電池／複合材料／他)環境エネルギー関連の科学(新燃料／地球環境／処理技術)

D.M.コンシディーヌ編
今井淑夫・中井　武・小川浩平・
小尾欣一・柿沼勝己・脇原将孝監訳

化学大百科（普及版）

14088-0　C3543　　　　B 5 判　1072頁　本体48000円

化学およびその関連分野から基本的かつ重要な化学用語約1300を選び，アメリカ，イギリス，カナダなどの著名化学者により，化学物質の構造，物性，合成法や，歴史，用途など，解りやすく，詳細に解説した五十音配列の事典。Encyclopedia of Chemistry(第 4 版, Van Nostrand社)の翻訳。〔内容〕有機化学／無機化学／物理化学／分析化学／電気化学／触媒化学／材料化学／高分子化学／化学工学／医薬品化学／環境化学／鉱物学／バイオテクノロジー／他

幸本重男・加藤明良・唐津　孝・小中原猛雄・
杉山邦夫・長谷川正著
基本化学シリーズ 2

構造解析学

14572-4　C3343　　　　A 5 判　208頁　本体3400円

有機化合物の構造解析を1年で習得できるようわかりやすく解説した教科書。〔内容〕紫外-可視分光法／赤外分光法／プロトン核磁気共鳴分光法／炭素-13核磁気共鳴分光法／二次元核磁気共鳴分光法／質量分析法／X線結晶解析

山本　忠・加藤明良・深田直昭・小中原猛雄・
赤堀禎利・鹿島長次著
基本化学シリーズ10

有機合成化学

14580-9　C3343　　　　A 5 判　192頁　本体3500円

有機合成を目指す2-3年生用テキスト。〔内容〕炭素鎖の形成／芳香族化合物の合成／官能基導入反応の化学／官能基の変換／有機金属化合物を利用する合成／炭素カチオンを経由する合成／非イオン性反応による合成／選択合成／レトロ合成／他

前日赤看護大 山崎　昶著 やさしい化学30講シリーズ1 **溶液と濃度 30 講** 14671-4　C3343　　A5判 176頁 本体2600円	化学，生命系学科において，今までわかりにくかったことが，本シリーズで納得・理解できる。〔内容〕溶液とは濃度とは／いろいろな濃度表現／モル，当量とは／溶液の調製／水素イオン濃度，pH／酸とアルカリ／Tea Time
前名工大 津田孝雄編著　名工大 荒木修喜・ 東海医療科学専門学校 廣浦　学著 **医療・薬学系のための 基礎化学** 14091-0　C3043　　A5判 180頁 本体2400円	臨床工学技士を目指す学生のために必要な化学を基礎からやさしく，わかりやすく解説した。〔内容〕身近な化学／原子と分子／有機化学／無機化学／熱力学／原子の構造／α, β, γ線の発生／付録：臨床工学技士国家試験問題抜粋ほか
小島周二・大久保恭仁編著　加藤真介・工藤なをみ・ 坂本　光・佐々木徹・月535山本文彦著 薬学テキストシリーズ **放射化学・放射性医薬品学** 36265-7　C3347　　B5判 264頁 本体4800円	コアカリに対応し基本事項を分かり易く解説した薬学部学生向けの教科書。〔内容〕原子核と放射能／放射線／放射性同位体元素の利用／放射性医薬品／インビボ放射性医薬品／インビトロ放射性医薬品／放射性医薬品の開発／放射線安全管理／他
神奈川工大 五十嵐脩・神奈川工大 江指隆年編 **ビタミン・ミネラルの科学** 10251-2　C3040　　A5判 224頁 本体3800円	大学生や大学院生を対象に，ビタミン・ミネラルについて，専門的な立場から分かりやすく解説。両栄養素間の相互作用，他の栄養素との関連，疾病との関連，遺伝子発現への効果や最近の新しい知見なども紹介する。
東京理科大学サイエンス夢工房編 **楽しむ化学実験** 14061-3　C3043　　B5判 176頁 本体3200円	実験って楽しい！身の回りのいろいろな物質の性質がみるみるうちにわかっていく。愉快な漫画付〔内容〕氷と水と水蒸気／気体は自由自在／感動の炎―炎色反応／溶解七変化／電池を作ろう／チョークを速く溶かすには／酸性雨／タンパク質／他
前日赤看護大 山崎　昶監訳　宮本惠子訳 図説科学の百科事典4 **化学の世界** 10624-4　C3340　　A4変判 180頁 本体6500円	現代の日常生活に身近な化学の基礎知識を，さまざまなトピックをとおしてわかりやすく解説する。〔内容〕原子と分子／化学反応／有機化学／ポリマーとプラスチック／生命の化学／化学と色／化学分析／化学用語解説・資料
前日赤看護大 山崎　昶編 **化学データブックⅠ　無機・分析編** 14626-4　C3343　　A5判 192頁 本体3500円	研究・教育，あるいは実験をする上で必要なデータを収録。元素，原子，単体に関わるデータについては，周期表順，数値の大→小の順に配列。〔内容〕元素の存在，原子半径，共有結合半径，電気陰性度，密度，融点，沸点，熱，解離定数，他
高橋博彰・松本和子・多田　愈・新田　信・ 伊藤紘一著 **現代の基礎化学** 14039-2　C3043　　A5判 212頁 本体3200円	大学教養課程初学年の学生のためにわかりやすく解説された最新の好テキスト。〔内容〕はじめに／原子の構造／化学結合／分子の構造／固体／気体／化学熱力学／平衡／溶液／電解質溶液／反応速度／炭素の化合物と機能性分子
東京工芸大 佐々木幸夫・北里大 岩橋槇夫・ 岐阜大 沓水祥一・東海大 藤尾克彦著 応用化学シリーズ8 **化学熱力学** 25588-1　C3358　　A5判 192頁 本体3500円	図表を多く用い，自然界の現象などの具体的な例をあげてわかりやすく解説した教科書。例題，演習問題も多数収録。〔内容〕熱力学を学ぶ準備／熱力学第1法則／熱力学第2法則／相平衡と溶液／統計熱力学／付録：式の変形の意味と使い方
阪大 山下弘巳・京大 杉村博之・熊本大 町田正人・ 大阪府大 齊藤丈靖・近畿大 古南　博・長崎大 森口　勇・ 長崎大 田邉秀二・大阪府大 成澤雅紀他著 **熱力学 基礎と演習** 25036-7　C3058　　A5判 192頁 本体2900円	理工系学部の材料工学，化学工学，応用化学などの学生1〜3年生を対象に基礎をわかりやすく解説。例題と豊富な演習問題と丁寧な解答を掲載。構成は気体の性質，統計力学，熱力学第1〜第3法則，化学平衡，溶液の熱力学，相平衡など
化学工学会分離プロセス部会編 **分離プロセス工学の基礎** 25256-9　C3058　　A5判 240頁 本体3500円	工学分野，産業界だけでなく，環境関係でも利用される分離プロセスについて基礎から応用例までわかりやすく解説した教科書，参考書。〔内容〕分離プロセス工学の基礎／ガス吸収／蒸留／抽出／晶析／吸着・イオン交換／固液・固気分離／膜
化学工学会監修　名工大 多田　豊編 **化学工学（改訂第3版）** ―解説と演習― 25033-6　C3058　　A5判 368頁 本体2500円	基礎から応用まで，単位操作に重点をおいて，丁寧にわかりやすく解説した教科書，および若手技術者，研究者のための参考書。とくに装置，応用例は実際的に解説し，豊富な例題と各章末の演習問題でより理解を深められるよう構成した。

上記価格（税別）は 2024 年 7 月現在